Phonetische Untersuchungen

herausgegeben von

Prof. Paul Menzerath (Bonn)

Berlin und Leipzig 1928

Verlag von Walter de Gruyter & Co.

vormals G. J. Göschen'sche Verlagshandlung — J. Guttentag, Verlagsbuchhandlung — Georg Reimer — Karl J. Trübner — Veit & Comp.

Spanische Lautdauer

Eine experimentelle Untersuchung

mit 4 Abbildungen, 15 Figuren
und 37 Tabellen

von

P. Menzerath und J. M. de Oleza S. J.

Berlin und Leipzig 1928

Verlag von Walter de Gruyter & Co.

vormals G. J. Göschen'sche Verlagshandlung — J. Guttentag, Verlagsbuchhandlung — Georg Reimer — Karl J. Trübner — Veit & Comp.

Gedruckt mit Unterstützung
der Notgemeinschaft der Deutschen Wissenschaft

Printed in Germany

Vorwort.

Nach einer längeren Periode relativer Stagnation regt sich heute allenthalben die phonetische Forschung. Erst von dem Augenblick an, wo es gelingt, eine lautwissenschaftliche Frage dem systematisch variierten Experiment zu unterwerfen, ist es möglich, meßbare Ergebnisse an die Stelle früherer allgemeiner — wenn auch vielleicht prinzipiell richtiger — Angaben zu setzen. Phonetische Forschung ist heute ohne Experiment nicht denkbar. Ob das Experiment eine mehr oder minder komplizierte Apparatur erfordert oder ohne diese auskommt, ist dabei vollkommen gleichgültig.

Untersuchungen, wie die hier vorliegende, setzen Erfahrung in der Handhabung von Apparaten voraus. Da die uns zu Gebote stehenden Instrumente den Anspruch auf tadelloses, gleichmäßiges Funktionieren leider nicht, oder nicht ganz, erfüllten, so mußte versucht werden, den technischen Fehler durch methodische Hilfen zu beseitigen. Ein junges Laboratorium pflegt nur bei ganz besonders günstigen Umständen über vollkommene, aber kostspielige Vorrichtungen zu verfügen. Solche Umstände walteten bedauerlicherweise bei uns nicht ob. Wir mußten versuchen, uns mit bescheidenen Mitteln zu behelfen. Die Unvollkommenheiten konnten uns aber nicht beugen; wir ruhten nicht, bis wir der Schwierigkeiten Herr wurden. Und daß wir es wurden, gereicht uns zu einiger Befriedigung. Mögen andere darüber urteilen, ob sich die Mühe lohnte!

Zu danken haben wir der Gesellschaft von Freunden und Förderern der Universität Bonn, die in gütigem

Wohlwollen uns Jahr für Jahr die Mittel zur Ausführung unserer Arbeiten bereitstellte. Ihr und ihrem hochverdienten Präsidenten, Herrn Geheimrat C. Duisberg in Leverkusen, sei auch an dieser Stelle herzlichst gedankt. Ohne die Hilfe dieser Gesellschaft hätte die Arbeit nicht begonnen werden können; ohne die Hilfe der Notgemeinschaft der Deutschen Wissenschaft wäre die Arbeit nie erschienen. Darum sei ebenfalls der Notgemeinschaft für die zum Druck gewährte Beihilfe ergebenst gedankt.

Besonderer Dank gebührt auch Herrn Geheimrat Meyer-Lübke und dem Kurator der Universität Bonn, Herrn Geheimrat Norrenberg, für die uns stets bereitwillig gewährte Unterstützung.

Endlich sind wir zu Dank verpflichtet unserem Herrn Verleger, der im Interesse der Wissenschaft ein großes Opfer brachte und der äußeren Ausstattung des Buches besondere Sorgfalt widmete.

Das Manuskript lag druckfertig vor im Juli 1926 und wurde seitdem — abgesehen von einigen bibliographischen Zusätzen — nicht verändert.

Die sich hier anschließenden Bände hoffen wir in absehbarer Zeit fertigzustellen.

Beim Lesen der Korrektur unterstützte uns Herr K. Weitkus.

Bonn, Neujahr 1928.

Inhaltsverzeichnis.

I. Teil.

I. Einleitung.

An Untersuchungen zur Phonetik des Spanischen ist kein Mangel. Neben den Abhandlungen von de Araujo, Colton, Lenz, der bekannten experimentellen Studie von Josselyn, den namentlich in der *Revista de filología española* (Madrid) erschienenen Aufsätzen über Einzelfragen ist als Hauptwerk über modern-spanische Phonetik das 'Handbuch' von Navarro Tomás zu nennen, das durch F. Krügers vorzügliche Übertragung dem Spanisch lernenden Deutschen zugänglich gemacht wurde[1]). Nicht zu empfehlen sind dagegen weder die in Spanien selbst erschienenen Grammatiken noch vor allem die im Ausland herausgegebenen 'Leitfäden zur Erlernung des Spanischen'; denn „sie leiden", wie Navarro Tomás (S. 4) sagt, „durchweg an Dürftigkeit, Ungenauigkeit und gar häufig Fehlerhaftigkeit in den phonetischen Angaben". Krüger warnt ebenfalls vor den in Deutschland erschienenen Lehrbüchern. „Manche von ihnen strotzen geradezu von den ungeheuerlichsten irreführenden Angaben." Wer sich ernstlich mit der Phonetik des heutigen Spanisch beschäftigen will, wird auf das Tomás-Krügersche 'Handbuch' zurückgreifen müssen. Als Gesamtdarstellung der spanischen Grammatik ist namentlich fortgeschrittenen Schülern die *Gramática Española* des P. Rufo Mendizábal S. J. Bilbao, Administracion de 'El Mensajero' 1924 zu empfehlen.

---

[1]) N. Tomás-Krüger: Handbuch der spanischen Aussprache. Leipzig, Teubner, 1923. Das spanische Original 'Manual de Pronunciación Española' liegt nun in dritter verbesserter und erweiterter Ausgabe vor. Madrid, Hernando, 1926.

II. Problemstellung.

Die vorliegende Untersuchung hatte sich ursprünglich ein eng begrenztes Ziel gesteckt. Es sollte wesentlich die Dauer (Quantität) der in der heutigen spanischen Sprache vorkommenden Laute experimentell bestimmt werden. Wir wünschten Klarheit darüber zu gewinnen, ob die Behauptung gerechtfertigt ist, das Spanische kenne im Gegensatz etwa zum Deutschen keine langen Vokale und weise keine Quantitätsunterschiede bei den Vokalen auf. Joh. Storm äußert sich hierüber so: „Rücksichtlich der Quantität hat im Spanischen das romanische Prinzip seine äußerste Konsequenz erreicht; hier sind nicht nur betonte Vokale und Diphthonge auch außerhalb der Position ebenso kurz wie unbetonte ...[1].“ Rudolf Lenz stimmt hierin mit Joh. Storm überein. „Das Kastellanische von Madrid“, sagt er, „zeichnet sich dadurch aus, daß ihm wirklich lange Vokale (deutsch *See*, *Sohn*, *Vater*), soviel ich weiß, vollständig fehlen. Da es aber auch keine reduzierten Vokale kennt, so sind fast alle Vokale des Madrider Spanischen gleich lang, d. h. für unser Gefühl gleich kurz[2].“

Die Storm-Lenzsche Lehre dürfte so ziemlich die Meinung der älteren Forschung wiedergeben. Sie galt es also auf ihre Stichhaltigkeit zu prüfen[3].

---

[1]) Joh. Storm: Romanische Quantität (Phonetische Studien II, 1889, S. 146). Ähnliches sagt Storm vom Toskanischen: „Man kann überhaupt das Prinzip so formulieren, daß das Toskanische die Tendenz hat, alle Vokale der Sprache ebenmäßig kurz oder mittellang zu machen.“ (Ebda. S. 143.) Dasselbe gelte vom Römischen, aber nicht vom Neapolitanischen.

[2]) R. Lenz: Chilenische Studien, VI und VII. (Phonetische Studien VI, 1893, S. 274.) Lediglich historischen Wert hat die Untersuchung von F. Araujo: Recherches sur la Phonétique espagnole (Phonet. Stud. III u. IV).

[3]) Bei Tomás-Krüger liest man S. 103 ebenfalls folgende Feststellung: „So kommt es, daß zwischen den stark und schwach betonten Vokalen des Spanischen im großen und ganzen keine erheblichen quantitativen Unterschiede bestehen und daß Ausländer, eben weil sie starke Gegensätze in der Vokalquantität nicht bemerken, eine gewisse Klarheit und Schärfe in der Aussprache der spanischen Vokale wahrnehmen. Es kann die praktische Regel aufgestellt werden, daß die spanischen Vokale in gewöhnlicher Rede immer kurz sind und daß, wenn in bestimmten Fällen von 'langen Vokalen' gesprochen wird, nur ein gewisser Grad relativer quan-

Bei der Ausmessung und Analyse unseres sehr umfangreichen Versuchsmaterials bieten sich nun sozusagen ungesucht eine Reihe von Nebenergebnissen dar, die mit der Hauptfrage in keinem oder nur losem Zusammenhang stehen, die aber doch zur Klärung oder Lösung einiger sprachwissenschaftlicher Fragen so viel Entscheidendes beitragen, daß sie eine gesonderte Behandlung wohl wert sind, z. B. Nasalität, Assimilation, Stimmhaftigkeit, Wesen der Silbe, Mehrgipfligkeit der Vokale usw.

III. Geschichte des Problems[1]).

Die mit der Lautquantität, dem Zeitmaß der Phoneme, zusammenhängenden Fragen sind erst verhältnismäßig spät geklärt worden. Die alten Grammatiker unterschieden 'Länge' und 'Kürze' nur bei den Vokalen, nicht aber bei den Konsonanten, die aber gleichfalls variable Dauer beanspruchen und ebenso wie die Vokale 'gedehnt' werden können.

Die Zeitbegriffe 'kurz — lang' bedeuten unter Umständen zweierlei: einmal die in der Zeiteinheit ausgedrückte Lautdauer (die absolute Quantität), dann die Dauer eines Lautes im Verhältnis zu einem anderen (die relative Quantität, mit den Schätzungsurteilen 'länger, gleichlang, kürzer')[2]).

Versuche, die Lautdauer in modernen Sprachen zu bestimmen, sind bereits häufig unternommen worden, mit einer mehr oder minder glücklichen und zuverlässigen technischen Anordnung der Versuche und vor allem mit einer mehr oder

---

titativer Steigerung gegenüber den Arten, die man innerhalb der Gruppe der kurzen Vokale unterscheidet, gemeint ist." Beobachtungen an Deutsch lernenden Spaniern wie umgekehrt an Spanisch lernenden Deutschen weisen in die gleiche Richtung.

[1]) Da die Dauer der Einzellaute — Vokale wie Konsonanten — in der 2. Abhandlung dargelegt wird, beschränken wir uns hier, um spätere Wiederholungen zu vermeiden, auf eine ganz kurze Übersicht, die nur die prinzipiellen Fragen im Umriß darbietet.

[2]) Vgl. E. Sievers: Grundzüge der Phonetik. Leipzig, Breitkopf & Härtel, 1901, S. 254f. Es steht an sich nichts im Wege, die relative Quantität als 'Quantität' und die absolute als 'Dauer' zu bezeichnen; vgl. Paul Verrier: La quantité (Revue de Phonétique IV 2. Paris 1917, S. 134—150). Die Quantität ist historisch bestimmt, die Dauer variabel. Quantitätsbestimmungen setzen daher ein gleiches Sprechtempo voraus.

weniger einwandfreien Feststellung und Berechnung der Lautquantität.

Das Englische ist in bevorzugter Weise Gegenstand derartiger Versuche gewesen: von Henry Sweet ab, dessen *Handbook of Phonetics* (Oxford 1877)[1]) zwar fünf unterscheidbare Quantitätsvarianten angibt, für die Quantität als solche aber keinen objektiven, absoluten Maßstab finden kann, sondern nur einen relativen. Diese Relativität kann sich nach ihm nur ergeben durch Vergleich von zwei verschiedenen Lauten oder von ungleichen Teilen gleicher Laute.

Hierbei darf allerdings nicht außer acht bleiben, daß Sweet als Schüler Bells wesentlich praktische Ziele vorschwebten.

Wenn E. Sievers[2]) glaubt, das natürliche Maß der Kürze sei 'das Minimum der Zeit, das man braucht, um einen Stellungslaut einer betonten Silbe bei mittlerem Redetempo deutlich artikulieren und vernehmbar machen zu können'[3]), so ist das nur erklärlich, solange E. Meyers experimentelle Resultate noch nicht vorlagen. Die Sieverssche Formulierung würde ja nur zu Recht bestehen, wenn die verschiedenen Vokale in solchen betonten Silben quantitativ ziemlich gleichwertig sind. Das ist in der Tat Sievers' Vorstellung, wie aus einer anderen Stelle seiner 'Grundzüge' deutlich wird, wonach man als Normaldauer einer einfachen Länge 'in Sprachen wie dem Deutschen am besten wohl das Zeitmaß der sog. langen Vokale in zweisilbigen Wörtern wie *Bote, kamen, lose*" betrachten könne. Die Vokale der letzten Beispiele müßten daher gleichlang sein. Sie mögen als 'gleichlang' geschätzt oder gehört werden, objektiv sind sie verschieden. Auf das letztere kommt es uns hier allein an[4]).

---

[1]) Sweet *Primer of Phonetics* (1890) ist eine verbesserte Auflage des *Handbook*.

[2]) E. Sievers: Grundzüge der Phonetik, S. 257.

[3]) E. Sievers a. a. O., S. 258. Ähnlich M. Trautmann: Die Sprachlaute im allgemeinen und die Laute des Englischen, Französischen und Deutschen im besonderen. Leipzig, Fock, 1884—86, S. 123: „Die üblichste Dauer der Vokale wie der Konsonanten ist die Kürze, d. i. diejenige Dauer, die bei nicht zu schnellem Sprechen gerade genügt, den betr. Laut klar und deutlich herauskommen zu lassen."

[4]) Man vergleiche hiermit folgende merkwürdige Stelle des Trautmannschen Buches S. 123f.: „Die verschiedenen Grade der Dauer sind für alle Laute die nämlichen; also ein kurzes *a* dauert nicht länger als ein kurzes *p*, und ein langes *f* ist nicht kürzer als ein langes *e* usf. Auch

Sweets Autorität hat in der Frage der Quantitätsrelativität bei den Philologen verwirrend gewirkt; selbst die neueste' an sich ausgezeichnete Untersuchung der englischen Lautdauer, die Alfred Ehrentreichs, weiß sich nicht ganz davon frei zu machen. Und in diesem Falle stand doch nichts im Wege, die Dauern in Zeiteinheiten zu bestimmen und zu vergleichen[1]).

Joh. Storm hat nun gerade die Bedeutung derartiger Feststellungen unterschätzt, wenn er gegen Hugo Schuchardt behauptete: „Es kommt hier nicht so sehr auf eine absolute, mathematische Genauigkeit an[2]), als auf den Eindruck, welchen die Quantität macht[3]).“ Demgegenüber kommt es unserer Ansicht nach gerade auf den objektiven Tatbestand an, der die Grundlage der Schätzung, den Eindruck, bildet und bestimmte Auffassungsmotive enthält, die zu der — so oder so gearteten, d. h. richtigen oder falschen — Schätzung führen.

Aus diesem Gesichtspunkt heraus werden wir die später zu erörternden Probleme einer ebenso einfachen wie vollen Klärung zuführen können und damit die falschen Vorstellungen korrigieren, die den Begriffen 'Länge' und 'Kürze' durchweg anhaften[4]).

Einen Fortschritt stellt E. A. Meyers aus dem Jahre 1903 stammende experimentelle Untersuchung über Englische Laut-

---

ein gewisser Längegrad eines sog. Dauerlautes ist dem entsprechenden Längegrade eines plötzlichen Lautes vollkommen gleich; so ist das *ss* in Wasser nicht länger als das *ck* in Zucker und das *tt* in it. *petto* so lang wie das *ll* in *capello.*“ Das mag genügen; Trautmann galt als besonders feinhörig.

¹) Einzelne Angaben auch bei D. Jones: An Outline of English Phonetics. Leipzig, Teubner, 1922. § 531—573. Namentlich bedürfen hier die Ausführungen auf S. 109—110 (§ 567—573) einer experimentellen Nachprüfung.

²) Ein im Text offenbar enthaltener Druckfehler wurde so von uns berichtigt.

³) Phonetische Studien II, S. 141. Ähnlich übrigens Rousselot: „La quantité est la sensation de durée que donne un son.“ (Principes de Phonétique Expérimentale II, 2. Aufl. Paris, Didier, 1923, S. 990.) „Pour le sujet parlant, la sensation de durée n'est pas seulement auditive; elle est en plus musculaire“, ib. S. 991.

⁴) Vgl. hierzu W. Viëtor: Elemente der Phonetik. Leipzig, Reisland. 6. Aufl., 1915, S. 321 f.

dauer dar[1]), die eine versuchstechnische Neuerung brachte, insofern gleichzeitig mit der Sprechatembewegung die Schwingungen der Stimmlippen aufgezeichnet wurden. Die Aufnahme des Mundstroms erfolgte durch einen Trichter, der mittels Schlauchleitung mit einer Mareykapsel verbunden war; ähnlich erfolgte die Aufnahme des Kehltons. Meyer ließ zwei Versuchspersonen 393 einsilbige und 141 zweisilbige Wörter mehrfach sprechen, so daß er über 4800 Einzelmessungen verfügte.

Für das Deutsche[2]), Englische und Ungarische[3]) konnte nun Meyer übereinstimmend ein wichtiges Vokalquantitätsgesetz aufstellen. Es zeigte sich nämlich, daß jeder Vokal eine für ihn charakteristische Quantität hat, also seine 'Eigendauer'. Diese Eigendauer „ist unter sonst gleichen Umständen abhängig von der für den Vokal erforderlichen Zungenstellung: je höher diese ist, um so kürzer der Vokal“[4]).

R. Ekblom fand dies Gesetz für das Serbische[5]) nicht zutreffend, und Navarro Tomás bietet für das Spanische Angaben, die ebenfalls auf ein Nichtzutreffen des Vokalgesetzes schließen lassen. In der zweiten Abhandlung werden wir auf diese Fragen zurückkommen müssen.

Jespersen[6]) hatte den Versuch gemacht, die durch Meyer bzw. Meyer-Gombocz festgestellte Abhängigkeit der Vokaldauer von der Zungenstellung durch den verschieden langen Weg zu erklären, den die Zunge zur Artikulation eines dem Vokal folgenden Konsonanten leisten müsse. Hiergegen führt Meyer zwei schlagende Argumente an: wäre Jespersens Überlegung richtig, so müßte die Quantitätsdifferenz verschwin-

---

[1]) E. A. Meyer: Englische Lautdauer. (Eine experimentalphonetische Untersuchung.) Uppsala-Leipzig, o. J.

[2]) E. A. Meyer: Zur Vokaldauer im Deutschen (Nordiska Studier t. Adolf Noreen). 1904.

[3]) Meyer-Gombocz: Zur Phonetik der ungarischen Sprache. Uppsala, Berling 1909.

[4]) Meyer-Gombocz: a. a. O. S. 12. A. Meillet: Le Slave commun. Paris, Champion, 1924, S. 95: „... les voyelles sont en principe d'autant plus brèves qu'elles sont plus fermées, toutes choses égales d'ailleurs.“

[5]) Ekblom, R.: Beiträge zur Phonetik der serbischen Sprache (Le Monde Oriental XI, 1917). Uppsala, Almqvist-Wiksell, 1917.

[6]) O. Jespersen: Lehrbuch der Phonetik, 2. Aufl. Leipzig, Teubner, 1913, S. 182. (Das Buch liegt jetzt in der 4. Auflage vor, die uns leider nicht zur Verfügung stand.)

den, wenn z. B. der folgende Konsonant eine Labialis ist; ferner bliebe die Quantitätsdifferenz auslautender Vokale unerklärlich, da hier der Weg zur folgenden Konsonanz ganz ausfällt.

Damit dürfte die Meyersche Erklärungshypothese vom Energieausgleich auch heute noch den Tatsachen am meisten gerecht werden. Konnte nämlich L. Roudet nachweisen, daß der Luftverbrauch beim Aussprechen der Vokale sich umgekehrt proportional der Mundöffnung und Zungenhöhe verhält[1]), dann ist anzunehmen, daß größerem Luftverbrauch die kürzere Dauer als Regulativ entspricht, das heißt aber, daß die Vokaldauer schließlich abhängt von dem Vokal an sich unmittelbar zukommenden Eigenschaften. Man würde also wirklich berechtigt sein, von einer 'Eigendauer' schlechthin zu reden.

Dies schließt natürlich die Möglichkeit anderer Abhängigkeiten nicht aus. Grégoire[2]) hatte vor Jahren bereits nachgewiesen, daß der Tonvokal verkürzt wird, je mehr Silben sich häufen zum gleichen Sprechtakt. Das *â* von *pâte* ist länger (= 27 $^{\text{Sek.}}/_{100}$) als derselbe Laut in *pâté* (= 20 $^{\text{Sek.}}/_{100}$), dieser länger als in *pâtisserie* (= 14 $^{\text{Sek.}}/_{100}$). Am kürzesten (relativ) würde das *â* in noch silbenreicheren Verbindungen wie etwa *pâtisserie Saint-Germain* (= 12 $^{\text{Sek.}}/_{100}$) oder ähnlichen.

Meyer-Gombocz[3]) fanden dieses Resultat auch für das Ungarische zutreffend, z. B.:

köt	*ö*	11,6		
kötät	*ö*	9,3	*ä*	12,6
kötätäk	*ö*	8,0	*ä*	11,3

tāt	*ā*	27,2						
tātog	*ā*	24,2	*o*	11,8				
tātogåt	*ā*	20,9	*o*	9,4	*å*	10,9		
tatogåtōk	*ā*	19,0	*o*	7,9	*å*	8,7	*ō*	22,1
tatogåtōknåt	*ā*	18,2	*o*	7,9	*å*	8,6	*ō*	17,2

(Die Zeitangaben bedeuten Hundertstelsekunden.)

[1]) L. Roudet: La Parole 1900, S. 201—230: „Plus l'orifice buccal est fermé, plus le débit est grand." Vgl. Rousselot: Principes d. Phonét. exp. II, S. 818f. Zu abweichenden Resultaten kommt die Untersuchung von P. Menzerath und E. Evertz: „Atem und Lautdauer", Januarheft 1928 des „Teuthonista".

[2]) Grégoire: Variations de durée dans la syllabe française. La Parole, 1899, Heft 3, 4 u. 6.

[3]) Meyer-Gombocz: a.a.O., S. 20.

Sievers führt derartige Verkürzungen auf ein (hypothetisches) 'rhythmisches Gefühl' zurück; Jespersen dürfte der Wahrheit mit der psychologischen Begründung wohl näherkommen, daß der Redende die Einzeldauer regelt, je nachdem er eine längere oder eine kürzere 'Lautreihe sprechen soll'.

Was endlich die Beziehung des Akzents zur Lautquantität betrifft, so gehen die Ansichten hierüber recht weit auseinander. Auch das wird später weiter auszuführen sein.

Die sonstigen die Lautdauer beeinflussenden Bedingungen (wie Temperament und Charakter, Affekt und Stimmung, Gewohnheit und Wille) seien nur genannt[1]).

Man hat nun mit Rücksicht auf die eben dargelegten Dinge von 'Lautgesetzen', ja sogar von 'echten Lautgesetzen' gesprochen im Gegensatz zu den zwar auch als 'gesetzmäßig' anzunehmenden historischen Lautveränderungen, die man aber nicht als 'echte Gesetze' gelten lassen will mit Rücksicht auf ihre sogenannten 'Ausnahmen'. Letztere sind nun, das steht jetzt nach dem Streite der Junggrammatiker mit den Klassizisten fest, überhaupt keine 'Unregelmäßigkeiten'; sie folgen nur anderen Bedingungen. „Es fragt sich nur, ob man heute, wo jene Fehden längst ausgefochten sind, nicht besser tut, den doch etwas zu hoch gespannten Ausdruck 'Lautgesetz' aufzugeben und ihn etwa durch 'Lautregel'[2]) zu ersetzen: dieses Wort würde einerseits die Regelmäßigkeit des Lautwandels betonen und doch die dem Wort 'Lautgesetz' anhaftenden berechtigten Bedenken vermeiden." Soweit Hermann Güntert[3]), der den Begriff des 'Lautgesetzes' enger und eigentlicher fassen möchte. „Den Ausdruck 'Lautgesetz' sollte man, heißt es an derselben Stelle bei Güntert, aufsparen für Beziehungsverhältnisse, die zu allen Zeiten immer wieder in gleicher Weise

---

[1]) Vgl. L. Roudet: Eléments de Phonétique générale. Paris, Welter, 1910, S. 228f. — O. Jespersen: Lehrbuch der Phonetik, 2. Aufl. Leipzig, Teubner, 1913, S. 178f.

[2]) Ähnlich O. Jespersen: Die Sprache. Heidelberg, Winter, 1925, S. 283: „Vielleicht wäre es am besten, wenn die Sprachforscher die Gewohnheit, von Lautgesetzen zu reden, aufgäben und statt dessen Ausdrücke wie Lautformeln oder Regeln verwendeten."

[3]) Herm. Güntert: Grundfragen der Sprachwissenschaft. Leipzig, Quelle & Meyer, 1925, S. 18 (Slg. Wissenschaft und Bildung Nr. 210).

auftreten.“ Als Beispiel nennt Güntert die Bedeutung des Akzents für die lautliche Wortform. Stark expiratorische Akzentuierung hebt den betonten Wortteil scharf aus der Umgebung heraus, die anderen Teile sind schwächer artikuliert und verkümmern, verschwinden selbst mit der Zeit, und zwar um so leichter und schneller, je geringer ihr Gewicht oder je weniger widerstandsfähig sie sind. Güntert nennt dies ‘subordinierende Akzentuationsart’ [1]) im Gegensatz zur ‘koordinierenden’ Akzentuierung, die bei chromatischer Betonung auftritt. In letzterem Falle fehlt das unbedingte Übergewicht der Tonsilbe; der Wortzerfall tritt dann auch nicht ein.

Da aber eine solche gegensätzliche Akzentwirkung nicht an Ort und Zeit gebunden sei, vielmehr mit ausnahmsloser Gesetzmäßigkeit stets und überall eintrete, sei man berechtigt, von einem wirklichen ‘Lautgesetz’ zu reden. Ebenso in dem experimentell bewiesenen Falle, daß der Stammsilbenvokal um so stärker gekürzt wird, je mehr Silben angehängt werden [2]).

In der Tat sind das Vorgänge, die durchweg mit absoluter Sicherheit eintreten, d. h. gesetzmäßig [3]).

Da aber kaum Aussicht besteht, daß man den Terminus ‘Lautgesetz’ aufgeben wird zugunsten der ‘Lautregel’, wird man vielleicht besser tun, die frühere Bezeichnung beizubehalten und für das ‘echte Lautgesetz’ einen neuen Namen zu suchen. Wir werden in solchen Fällen von ‘phonischen Gesetzen’ sprechen.

Den Wirkungsbereich solcher Gesetze innerhalb der spanischen Lautquantität konnten wir in ganz ungeahnter Weise feststellen und damit eine Regelmäßigkeit entdecken, die einer nichtexperimentellen Phonetik niemals zugänglich wäre.

---

[1]) Güntert, a. a. O., S. 19.

[2]) Güntert, ebda. S. 19. Vgl. die oben S. 7 genannte Untersuchung von Grégoire.

[3]) Dabei dürfen Zweifler nicht vergessen, daß verglichene Fälle vergleichbar sein müssen. Es geht also nicht an, das *â* aus normal gesprochenem *pâte* dem gleichen Laut etwa aus emotiv gedehntem *pâté* gegenüberzustellen und so auch hier eine ‘Ausnahme’ finden zu wollen. Ferner: Die aus der Tatsache dieser Vokalreduktion abgeleiteten Folgerungen sind großenteils unrichtig. Man sprach vom Vokal und meinte eigentlich die Silbe, da die Reduktion nicht vom Vokal an sich, sondern von der Silbe in der so und so bestimmten Stellung abhängt.

IV. Experimentelle Technik und Methodik.

1. Versuchpersonen. Die Zuverlässigkeit naturwissenschaftlicher Untersuchungen hängt großenteils ab von der Anzahl der Versuche und der Versuchspersonen. Auch bei Feststellungen sprachlicher Probleme wird man guttun, den Kreis der Versuchspersonen möglichst weit zu fassen. So hatte Schmidt-Wartenberg für seine lettischen Akzentstudien zehn, Eijkman für seine niederländischen Dialektuntersuchungen deren achtzehn herangezogen. Allen voran aber steht Hendriks „Untersuchung über den Einfluß der wechselnden Sprechgeschwindigkeit auf die relative Lautdauer in sinnvollem Lautgefüge", die sich sogar auf 150 Personen erstreckte. Aber schon die Hendriksche Arbeit zeigt, wie wenig die Häufung der Personenzahl schließlich bedeutet, da die auf den einzelnen entfallende Anzahl von Versuchen notwendig sehr beschränkt bleiben muß. Wenn dazu noch die verfügbaren Personen verschiedenen Sprachlandschaften, Altersstufen, Geschlechtern, Ständen und Berufen entnommen sind, vergrößert man offenbar die Fehlerquellen, die in der Ausrechnung nicht korrigiert und zum Verschwinden gebracht werden können. Diese Bemerkung trifft übrigens Hendrik nicht, wie ausdrücklich betont sei, da es ihm gerade auf die „individuellen Differenzen" ankam.

E. A. Meyer begnügte sich in seiner Arbeit über englische Lautdauer mit zwei Versuchspersonen, Ekblom in seiner Studie über serbische Phonetik mit einer einzigen. Es wird aber wohl keinem einfallen, gerade die beiden zuletzt genannten Arbeiten aus diesem Grunde geringer einzuschätzen; denn die kleine Zahl der Versuchspersonen wird durch die Häufung der Versuche selbst mehr als aufgewogen.

Auch in den vorliegenden Studien mußten wir uns auf eine einzige Versuchsperson beschränken. Dafür aber wurden die Sprachaufnahmen so vielfach variiert und vermehrt, wie es bisher wohl keine derartige experimentelle Arbeit durchgeführt hat.

Vp. Joseph M$^{\underline{a}}$ de Oleza, S. J., zur Zeit der Versuche 37 Jahre alt, stud. phil. an der Universität Bonn; geboren in Palma auf Mallorka (Balearen); sprach bis zum 5. Lebensjahre ausschließlich die spanische Gemeinsprache (= das Kastilische, worauf sich die vorliegende Untersuchung bezieht). Erst später lernte er das Mallorkinische, eine katalanische Mundart, und benützte beide Sprachen — überwiegend das Mallorkinische — bis zum 21. Lebensjahre, danach ausschließlich das Kastilische während seiner weiteren humanistischen Ausbildung bis zum 26. Jahre. Im Anschluß hieran mußte er in einem französischen Haus außerhalb Spaniens drei Jahre lang Französisch lernen und fast ausschließlich sprechen; darauf wieder fünf Jahre lang ausschließlich Kastilisch, bis er im J. 1921 in ein deutsches Haus kam, um dort Deutsch zu lernen und sich so auf seine weitere Ausbildung an einer deutschen Hochschule vorzubereiten. Im J. 1910 und später zu wiederholten Malen haben ihm geborene Kastilier bestätigt, daß seine spanische Aussprache kastilisch sei; mehrfach haben ihn spanische Landsleute für einen Madrider gehalten.

Seine Aussprache zeigt allerdings kein Merkmal irgendeiner kastilischen Mundart.

Die Exaktheit seiner Aussprache wird auch durch die experimentellen Befunde bekräftigt. Für gewisse Fragen, wo die Gefahr eines Einflusses der mallorkinischen Mundart besonders nahelag, stellte sich uns zu Kontrollversuchen Herr Dr. Manuel García-Blanco aus Salamanca, also aus sehr guter Gegend für das Kastilische, zu einer Reihe von Aufnahmen in liebenswürdigster Weise zur Verfügung. Ihm sei auch an dieser Stelle nochmals herzlichst gedankt.

2. Wortmaterial. Das zur Untersuchung verwandte Wortmaterial wird unten mitgeteilt werden. Die Auswahl geschah in der ursprünglichen Anlage so, daß soweit wie möglich jeder Laut in jeder Tonstellung und vor jedem Laut untersucht werden konnte. Auf diese Weise sollte eine genauere und vollständigere systematische Darstellung des Materials erreicht werden, als sie Nav. Tomás in den §§ 165—171 seines 'Handbuches der spanischen Aussprache' bot. Allerdings konnten nicht immer alle vorbereiteten Wörter zur Aufzeichnung kommen. Um einige seltenere Lautverbindungen mit in die Untersuchung einbeziehen zu können, wurden auch gewisse Eigennamen oder selbst gelegentlich kastilische Dialektformen aufgenommen.

Wir erwarten einen Einwurf, dem gleich hier begegnet sei! Man wird sehr wahrscheinlich sagen, daß die Untersuchung an Pausawörtern, an zusammenhanglos aneinandergereihten Wortlisten, so weit von der lebenden Sprache abweiche, daß die Erkenntnis der hier obwaltenden Regelmäßigkeiten für den gesprochenen Satz ungültig sei oder wenigstens ungültig sein könnte. Auf diesen Einwurf ist zur Zeit eine Antwort weder im bejahenden noch im verneinenden Sinne möglich; es weiß eben noch keiner, wie die Verhältnisse im sinnvollen Satzganzen liegen. Man soll billigerweise von einer Untersuchung nicht mehr verlangen, als sie überhaupt zu bieten vermag. Wenn es uns gelingt, die Lautquantität in zusammenhanglosem — deshalb aber nicht etwa sinnlosem — Wortmaterial zu bestimmen, so muß eben darauf hingewiesen werden, daß die Herausarbeitung von primitiven oder primären Gesetzmäßigkeiten nur auf diese Weise möglich ist, weil im Satzzusammenhang die verschiedene Wertigkeit oder Bedeutsamkeit oder Wichtigkeit der Teile neue, also sekundäre Abhängigkeiten oder Gesetzmäßigkeiten verursacht, die spätere Untersuchungen aufzudecken haben.

Um das Gesagte zu verdeutlichen, sei ein analoger Fall aus der experimentellen Psychologie erwähnt: die Untersuchung des Gedächtnisses. Erst von dem Augenblick an, wo nach dem Vorschlage von H. Ebbinghaus das logische (obgleich an sich das interessanteste) Element aus der Untersuchung der Gedächtnisfunktion entfernt wurde; also erst von dem Moment an, wo sinnloses Silbenmaterial als Lernstoff verwandt wurde, konnten die einzelnen Faktoren des Gedächtnisaktes rein und quantitativ bestimmt und gemessen werden. Es wird aber keinem einfallen, die an sinnlosem Material gewonnenen Resultate deshalb als wertlos zu bezeichnen, weil beim gewöhnlichen Lernen gerade die Sinnhaftigkeit des Gelernten den wesentlichsten Faktor darstelle. Es handelt sich nur darum, von der rein theoretischen Untersuchung den Weg zur Wirklichkeit zu finden.

Dasselbe trifft, in gewissem Sinne wenigstens, auch in unserem Falle zu: würde man versucht haben, von vornherein mit ganzen Sätzen zu operieren, so würde man wahrscheinlich überhaupt nicht die Möglichkeit erhalten haben, Regeln abzuleiten, es sei vielleicht, daß man die Sätze ganz 'unemphatisch' hätte sprechen lassen. Man hätte dann zwar Sätze gehabt, wäre aber in Wirklichkeit nicht viel weiter gekommen, da im eigentlichen Sprechen eine vollkommene Affektlosigkeit nie anzutreffen ist. Ein Aufbau der Phonetik kann nur so erreicht werden, daß man von den einfachsten Dingen aufsteigt; der bisher öfter geübte andere Weg gäbe eine Hochkonstruktion, deren Fundament unbekannt ist.

Der Vergleich unserer Versuche mit den Ebbinghausschen Gedächtnisuntersuchungen könnte nun seinerseits wieder zu einem anderen Mißverständnis Veranlassung geben. Zunächst ist daher zu betonen, daß die sämtlichen Wörter so ausgesprochen wurden, wie sie im sinnvollen Satz erscheinen würden. Die hier gebotenen Pausawörter kommen im Dialog übrigens zum Teil isoliert vor; so z. B. Vokative, Imperative, Interjektionen, Antworten mit einer einzigen Nominal- oder Verbalform, Sätze, die aus Verb und Personalsuffix bestehen, Büchertitel, Eigennamen usw. Stets wurde darauf geachtet, das Wort nicht mechanisch, sondern sinngemäß zu sprechen.

Sämtliche Beispiele sind echtes Sprachgut und sinnvoll; viele sind sogar vollständige Sätze, namentlich die Proparoxytona. Utopische phonische Gruppen, die ad hoc zurechtgemacht worden wären, sind sie demnach nicht. Stark affekterregend sind sie allerdings kaum gewesen, was wohl niemand als einen Nachteil ansehen wird. Sicher ist aber, daß der im Wortbegriff etwa liegende Affekt auch in der Aussprache Geltung erhielt.

Die Versuche fanden statt im Phonetischen Institut der Universität Bonn, und zwar von Anfang März bis zum Ende der ersten Aprilwoche 1925, durchweg in den Morgenstunden von 10—1.

Die für die Aufnahme jeweils vorbereitete Wortreihe wurde auf einen Karton geschrieben, der zum bequemen Ablesen am Aufnahmestativ selbst befestigt wurde.

Vor der eigentlichen Aufnahme wurde meist die Wortreihe in bequemem Tempo, mit Pausen zwischen den Einzelwörtern, laut vorgelesen und die Umdrehungsgeschwindigkeit des Kymographen je nach den Umständen beschleunigt oder verlangsamt, um sie der jeweils nötigen Sprechdauer anzupassen.

Die gleiche Wortreihe galt für je zwei meist unmittelbar aufeinander folgende Aufnahmen; falls eine der beiden Aufnahmen nicht mit Rücksicht auf Klarheit und Deutlichkeit befriedigend ausfiel oder, was öfter vorkam, einer der Schreibhebel oder die Stimmgabel während der Aufnahme ganz oder teilweise versagte, wurden die Versuche mit demselben Wortmaterial so lange fortgesetzt, bis wir über wenigstens zwei völlig befriedigende Aufnahmen verfügten. Von manchen Wörtern haben wir so bis fünf und mehr brauchbare Proben erhalten.

3. Experimentelle Technik. Wenn man auch Felix Krügers Forderung der Untersuchung zusammenhängender Texte im Gegensatz zu den isolierten Wörtern prinzipiell beipflichten muß, da erst im sinnvollen Zusammenhang letzte und feinste Schattierungen erkennbar werden [1]), so hat doch der sinnvolle Text für Quantitätsuntersuchungen den für die Analyse bemerkenswerten Nachteil, daß die Einzelwörter zu größeren Sprechtakten verbunden werden und so kombinatorische Artikulationen entstehen, die eine Abtrennung der Bestandteile unter Umständen so weit verhindern, daß man sich mit der Berechnung der Verbindungen en bloc begnügen muß, namentlich wenn man sich, wie dies meistens geschah, auf die Mundstromkurve allein beschränkt. Das trifft auch zu für alle glypischen Aufnahmen (Phonograph und Grammophon), gleichgültig, ob man sie wie Scripture (1899) von Grammophonplatten durch ein kompliziertes Hebelsystem auf Rußpapier überträgt oder ob man wie Boeke, Verschuur und Ehrentreich die Phonogramme mikroskopisch untersucht und mikrometrisch auswertet.

Der Vorteil der glyphischen Aufnahme besteht in der nachträglich ermöglichten unmittelbaren Kontrolle durch Abhören, die bei Rußkurven ausgeschlossen ist. Im letzteren Falle aber hat man eine gewisse Kontrolle wenigstens über die Konstanz des Gesprochenen durch Vergleich der verschiedenen Aufnahmen desselben Textes (Wortes).

Da unsere Absicht in erster Linie auf die Quantitätsmessung spanischer Phoneme gerichtet war, mußten unsere Versuche auch unter diesen Hauptgesichtspunkt gestellt werden. Meyer hatte in seiner „Englischen Lautdauer“ eine oft zuverlässige Stütze in der gleichzeitig mit der Mundstromkurve aufzunehmenden Kehltonkurve gefunden. Ein passend bespannter Kehltonschreiber kann aber nach unseren Erfahrungen

---

[1]) Vgl. aber selbst betreffs der Intonation (des Melos) zusammenhangloser Wörter und derselben Wörter in sinnvollen Verbindungen die Bemerkung von R. Ekblom S. 74f. in dessen Untersuchung zur serbischen Phonetik.

mehr leisten als die alleinige Registrierung der Stimmlippenschwingungen; er kann nämlich außer diesen und gleichzeitig mit ihnen die Totalbewegungen des Larynx mit aufschreiben und so eine weitere wichtige Hilfe in Zweifelsfällen bieten.

Endlich wird man mit D. Jones[1]) die ebenfalls gleichzeitig aufzunehmende Nasenstromkurve für gewisse Lautabgrenzungen nicht missen wollen[2]), abgesehen davon, daß die Hinzunahme gerade dieser weiteren Kurve uns überhaupt erst die Lösung einer Reihe von neuen Fragen gestattete, die man bisher kaum richtig gesehen hatte.

Die auf dem Kurvenblatt oben stehende Nasenkurve ist auf die bekannte Weise gewonnen: in je ein Nasenloch wird eine passende Hartgummiolive gesteckt[3]), die durch einen Kautschukschlauch mit einem T-Rohr und von dort mit einer Marey-Hürthleschen Kapsel mittleren Durchmessers verbunden wird. Kurz hinter dem T-Rohr wird der Schlauch keilförmig angeschnitten und die Öffnung nach Bedarf durch das Ende des T-Rohrs mehr oder weniger verdeckt (als Nullventil)[4]). Bei der Bespannung der hierzu gehörigen Kapsel verwende man feinen Membrangummi und probiere eine Spannung aus, die einerseits für die Nasalkomponente genügend große Ausschläge (z. B. von 2,5—3 cm) zeigt, anderseits aber noch die Stimmhaftigkeit markiert.

Die zweite Kurve gibt die beim Mundstrom zur Beobachtung kommenden Variationen wieder. Die Aufnahme erfolgt durch einen Mundtrichter, der ebenfalls durch einen Schlauch mit einer, diesmal größeren, Kapsel verbunden ist. Die an einen Mundtrichter zu stellende Hauptforderung ist, daß er die Sprechbewegungen nicht behindere. So stellte z. B.

---

[1]) D. Jones: English Phonetics 2. A. Leipzig, Teubner, 1922, S. 176f.

[2]) Z. B. ist ja die exakte Dauerbestimmung auslautender, implosiv bleibender Nasalis dadurch ganz leicht. Vgl. R. Ekblom S. 32 u. E. A. Meyer-Z. Gombocz S. 2f.

[3]) Rousselot hatte bekanntlich seine Untersuchungen mit einer einzigen Nasenolive gemacht. Hieraus erklären sich zum Teil seine durchaus irrigen Angaben über das durch die Nase abfließende Luftquantum.

[4]) Dieses einfache Verfahren hat sich der Benutzung eines Nullventils aus Metall gegenüber als vorteilhafter erwiesen. Es ist nämlich handlicher und läßt eine beliebig zu verändernde Graduierung zu.

E. A. Meyer sich diese Trichter aus dünnem Karton her, dessen oberer Rand bequem nach den individuellen Erfordernissen passend zu schneiden ist. Andere haben ganz aus Kautschuk gefertigte Trichter benutzt.

Unser Mundtrichter[1]) (Taf. I Abb. I) verbindet die Vorteile des Gummitrichters mit einer größeren Haltbarkeit: durch einen nicht zu dickwandigen, vernickelten Zinktrichter von 7 cm Höhe und ca. 8 cm größter Öffnung werden parallel zur Achse im Abstand von 4 cm zwei Schnitte geführt und die entstehenden Öffnungen unter Zuhilfenahme abschraubbarer hufeisenförmiger Messingbügel durch je eine nicht zu starke, sehr elastische Gummimembran geschlossen. Die bei den Mundwinkeln stehenden Trichterteile sind nach innen durch Hartgummibacken noch besonders abgedichtet. Ein Nullventil wurde in der bei dem Nasenschlauch beschriebenen Art angebracht. Die günstigste Spannung der Kapselmembran kann auch hier nur durch Ausprobieren gefunden werden.

Nach langem Schwanken und vielen ergebnislosen Versuchen mußten wir ferner zur Neukonstruktion eines Kehltonschreibers übergehen, da uns die mit dem Krüger-Wirthschen Apparat erhaltenen Resultate nicht befriedigen konnten. Der Hauptfehler dieses Instrumentchens liegt in der Konstruktion der Kapsel, die durch Spannen der Membran nie zum luftdichten Abschluß gebracht werden kann; es sei denn, daß man die Membran nach Gutzmanns Vorschlag mit Gummilösung auf den Kapselrand klebt. Abgesehen von dieser, schließlich noch behebbaren Unvollkommenheit ist ein weiterer Fehler beachtenswert: der befriedigend gleichmäßige Spannungsgrad ist bei der Krüger-Wirthschen flachen Ovalform der Kapsel wohl nie erreichbar. Das letztere gilt übrigens, wenn auch vielleicht nicht so unbedingt, beinahe von allen bisher vorgeschlagenen Kehltonschreibermodellen, die eben durchweg den Übelstand zeigen, daß eine gleichmäßige Membranspannung wegen der Kleinheit der Kapsel fast unmöglich zu erzielen ist. Einer der Verfasser (M.) konstruierte einen Kehltonschreiber, der die gleichmäßige Kapselbespannung sehr einfach

[1]) Er wird hergestellt von dem Mechaniker des Physikalischen Instituts E. Günther, Bonn, Nußallee 11. Der Apparat ist auch von dort zu beziehen.

Tafel I.

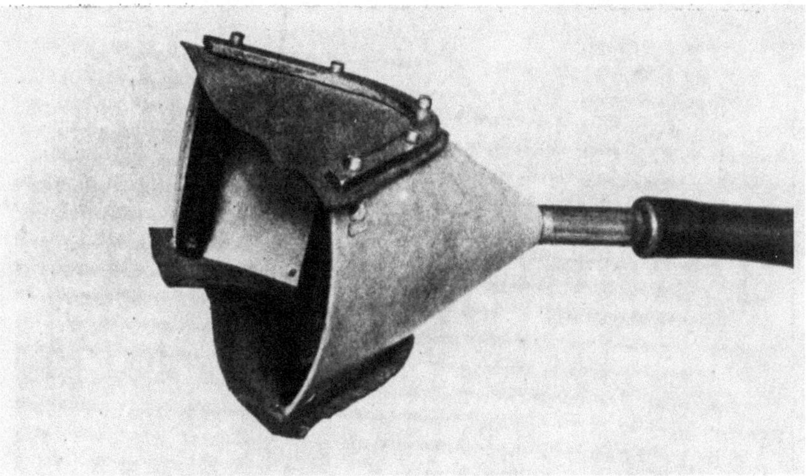

Abb. I. Mundtrichter (nach Menzerath). Größe 1:2.

Abb. II. Kehltonschreiber (nach Menzerath). Größe 1:2.

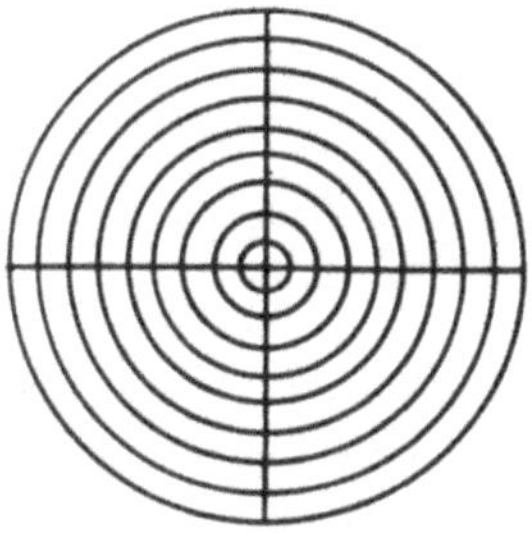

Abb. III. Membranenstempel (nach Menzerath). Natürl. Größe.

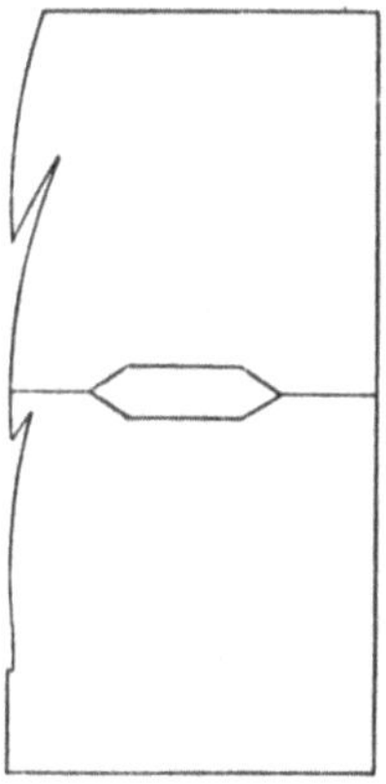

Abb. IV. Schablone zur Bestimmung synchroner Kurvenpunkte. Größe 1:4.

und bequem macht. (Tafel I Abb. II.) Dieser Apparat wird unter dem Namen Kehltonschreiber nach Menzerath durch die Fa. E. Zimmermann, Leipzig-Stötteritz, Wasserturmstraße 33, hergestellt und ist von dort zu beziehen. Die Kapsel des Apparates ist aus dem am Stativ befestigten Halter abzunehmen, während der obere Apparatteil am Platz verbleibt. Eine Neubespannung erfordert also nur einen Handgriff, der die Stellung des Apparats im ganzen nicht berührt. Eine zweite Kontrolleinstellung wird dadurch erspart. Die Kapsel (Größe: $\pm$ 20 mm) erhielt eine ungefähr halbkugelige Becherform, wodurch das Anziehen der Kautschukmembran bis zur gewünschten Spannung ermöglicht und ein Nachlassen der einmal als richtig befundenen Spannung absolut verhindert wird. Das erste, grobe Abbinden erfolgt am unteren Teil des Bechers, und nachträglich kann in aller Ruhe ein Faden um den Kapselrand selber gelegt werden.

Ein Mittel, um eine gleichmäßige Kapselbespannung mit hinreichender Sicherheit durchzuführen, gab es bisher unseres Wissens nicht. Man hat wohl im allgemeinen die mit aller möglichen Sorgfalt ausgeführte Bespannung stillschweigend als richtig, d. h. gleichmäßig, angesehen. Die Berechtigung zu dieser Annahme soll nicht diskutiert werden. Trotzdem dürfte eine Hilfe zur Kontrolle der Membranspannung willkommen sein. Die Vorrichtung, die der eine der Verfasser (M.) ausführen ließ, ist sehr einfach. Ein Gummistempel trägt eine kombinierte Zeichnung: (Tafel I Abb. IV) zunächst ein Kreuz, das durch zwei sich senkrecht kreuzende Kreisdurchmesser gebildet wird, ferner im Abstande von Millimeter zu Millimeter konzentrische Kreise um den Kreismittelpunkt. Bei gleichmäßiger Spannung muß diese Figur ohne Krümmungsverschiebungen bleiben; der Abstand der Kreise untereinander läßt zugleich den Spannungsgrad abschätzen und ermöglicht dadurch eine, wenn auch rohe, Eichung. Der Stempel wird mit gewöhnlicher Stempeltinte aufgetragen [1]).

---

[1]) Den Stempel fertigt jede einschlägige Handlung an. Auf Bestellung wird er auch geliefert von dem Gummiwarenhaus M. Ollendorff, Bonn, Fürstenstraße 13.

Eine weitere Verbesserung in der Aufnahmetechnik stellt die von uns befolgte Art der Zeitschreibung dar. Daß die Zeitschreibung unbedingt gleichzeitig mit der Sprachaufnahme erfolgen muß, ist eine von manchen — nicht allen — früheren Forschern entweder einfach übersehene Forderung oder aber eine Schwierigkeit, deren man nicht Herr wurde. Die nach der eigentlichen Aufnahme erfolgende Zeitregistrierung (z. B. bei Hendrik, gelegentlich auch bei Gutzmann) durch eine elektrische Stimmgabel von bekannter Frequenz ist zwar unbestreitbar eine Erleichterung der Arbeit, aber trotzdem unter allen Umständen zu verwerfen, selbst wenn man die besten Apparate besitzt, auf deren regelmäßigen Gang man sich glaubt verlassen zu können. Ein derartiges Vertrauen ist aber nur ganz ausnahmsweise berechtigt; den von uns benutzten Apparaten gegenüber, bei denen der Antrieb durch einen Grammophonmotor erfolgte (also mit regelmäßiger Beschleunigung), wäre ein solches Vertrauen aber ganz ungerechtfertigt gewesen. Je unregelmäßiger der Gang des Apparates ist — oder wenn auch nur eine progressive Beschleunigung auftritt —, um so mehr muß Gleichzeitigkeit von Sprachaufnahme und Zeitschreibung verlangt werden.

Tonhöhenmessung. Diese regelmäßig beschleunigte Bewegung — deren Regelmäßigkeit zudem durchaus hypothetisch ist — bildet natürlich ein Hindernis bei der Bestimmung der Tonhöhe. Meyers Apparat ist für derartige Bewegungsformen überhaupt nicht verwendbar [1]). Der eine von uns (M.) ist zu folgender Konstruktion eines optischen Tonhöhenmessers gekommen, der von der Regelmäßigkeit wie von der Geschwindigkeit der Mantelumdrehung vollkommen unabhängig ist. Er besteht aus zwei nicht überstarken Meßmikroskopen (d. h. Mikroskopen mit eingeätzter Meßskala), die in Verbindung mit der „Synchronenschablone" [2]) benutzt werden. Das obere Mikroskop steht z. B. über der Mundkurve, das untere natürlich über der

---

[1]) Auch sonst wird die Zuverlässigkeit dieses Apparates erheblich überschätzt.

[2]) Zu dieser Schablone vgl. S. 31 f. Rousselot hatte gleichfalls ein Mikroskop als Meßinstrument vorgeschlagen. U. a. hat es Jocovitch benutzt in seiner Untersuchung „Les Intonations serbes" (Revue de Phonétique II. 1912 S. 201—212).

jeweils zugehörigen Stimmgabelwelle. Das Verhältnis der oben abgelesenen Abszissenlänge zur unteren, multipliziert mit der Schwingungszahl der Stimmgabel (z. B. 100), gibt ohne weiteres die Schwingungszahl in der Zeiteinheit, d. h. die Tonhöhe. Da die praktisch zu beobachtenden Verhältnisse nicht übermäßig zahlreiche Kombinationen ergeben, kann man sich eine Tabelle anlegen und die Werte ablesen. Der Apparat ist entschieden zuverlässiger als andere Tonhöhenmesser und dabei dem Nichtmathematiker ohne weiteres verständlich. Komplizierte Rechnungen sind nicht auszuführen [1]).

Nachträgliche Zeitregistrierung bietet dadurch eine technische Vereinfachung, daß man die Stimmgabel mit den Schreibkapseln gemeinsam auf dasselbe Stativ montieren kann. Würde man nämlich — wie bisher allerdings öfter geschehen ist — in dieser Anordnung die Zeit während der Sprachaufnahme mitregistrieren, so übertrügen sich die Stimmgabelschwingungen auf das ganze Stativ, also auch auf die Schreibhebel [2]). Es würden infolgedessen periodische Bewegungen aufgeschrieben werden, die nicht durch alle Schreibhebel aufgeschrieben werden sollten [3]).

Halten wir aber an der Gleichzeitigkeit von Zeitschreibung und Kurvenaufnahme fest, dann muß eben die Montierung der Stimmgabel in einer Weise erfolgen, die den Sprechkurvenzügen nicht schädlich werden kann. Diese Frage haben wir

[1]) Vgl. Panconcelli-Calzia: Beziehungen zwischen Umdrehungsgeschwindigkeit der Kymographiontrommel und Ausmessungen am Meyerschen Tonhöhenmeßapparat (Vox 1926. Heft 9/10. Oktober 1926. S. 17). Ferner Jos. Chlumsky: L'Appareil de M. Meyer (Revue de Phonétique III. 1913. S. 84—89).

[2]) Diese Übertragung wird wohl nur auszuschließen sein, wenn man — nach Stephen Jones' Vorgehen — einen sehr leichten Markiermagnet als Registrierer der Stimmgabel parallel schaltet und den Markiermagnet am Stativ so befestigt, daß man in die Muffe eine Gummiisolierung legt.

[3]) Auch die von R. Ekblom befolgte Methode der Zeitschreibung durch ein Sekundenpendel setzt einen fehlerlosen Lauf des Apparates voraus. Da im übrigen die Zeitdauern hier durch Umrechnung auf die Längen der Sekundenzeiten erfolgen, nicht aber durch Auszählung, ist die Methode trotz ihrer Vorzüge kaum zu empfehlen.

schließlich dadurch zu lösen versucht, daß wir die Stimmgabel auf dem Rand eines besonderen Tisches festschraubten, dessen übergreifende Platte sich so über den Apparatetisch schob, daß, von oben gesehen, die Stimmgabel als Fortsetzung der auf dem Stativ angebrachten drei Schreibkapseln erschien. Um die an sich unwahrscheinliche Übertragung der Stimmgabelvibrationen auf den sehr schweren Versuchstisch mit absoluter Sicherheit auszuschließen, wurden zwischen die Streben des Neben- und der Platte des Haupttisches noch Korkplatten eingeschoben [1]).

Theoretisch wäre es möglich, den Schreibhebeln von Kapseln und Stimmgabel irgendeine beliebige Stellung zu geben, vorausgesetzt nur, daß sie sämtlich gleichzeitig das Rußpapier berühren und ihre Kurven deutlich zeichnen. Vorausgesetzt weiter, daß bei sämtlichen Aufnahmen die erste Stellung beibehalten und in der späteren Ausmessung berücksichtigt wird, wäre in bezug auf die Genauigkeit des Verfahrens keine Beanstandung berechtigt. Nur würde diese Art des Vorgehens in hohem Maße unpraktisch sein. Am besten dürfte es sein, die sämtlichen Hebel zu Beginn jeder Aufnahme an einer als Anfangs(Null-)-Abszisse zu bezeichnenden und mit Hilfe eines Trommellineals zu ziehenden Linie ganz genau einzustellen. Diese Nullabszisse bringt man, aus gleich unten darzulegenden Gründen, doppelt, nämlich kurz vor (Endabszisse) und kurz hinter (Nullabszisse) der Klebestelle des Streifens an, stellt die Hebel ein auf der Endabszisse und läßt das Kymographion langsam ablaufen bis zur Nullabszisse, d. h. etwa 4 cm. An dieser Stelle läßt man vor jeder Aufnahme die Einzelhebel eine Nullkurve beschreiben, d. h. eine Kurve ohne Rotation des Zylinders. Die Nullkurven werden so genommen, daß die Luft in die Nasen- und Mundkapseln gestoßen und wieder eingezogen wird. Auf diese Weise versichert man sich auch am ehesten, ob die Hebel bei maximalem Ausschlag mit dem Rußpapier noch in Berührung bleiben.

---

[1]) Nach dem Umbau des Instituts wurde diese Anordnung noch dadurch erheblich verbessert, daß die Stimmgabel auf das Ende einer beweglichen schmalen, aber kräftigen Holzleiste gesetzt wurde, die an einer soliden Wandkonsole befestigt war. Eine Tragkette, die mit einem verstellbaren „Sparer“ versehen ist, erleichtert die Einstellung der Stimmgabel zu dem auf dem Tisch stehenden Stativ.

Erst dann erfolgt die eigentliche Aufnahme. Zum Schluß wird der Papierstreifen an der Klebestelle, also zwischen den beiden Nullabszissen durchgeschnitten, beschrieben und in der bekannten Weise fixiert.

4. Fehlerquellen.

Ehe wir zur eigentlichen Berechnung und Auswertung unserer Versuchsergebnisse übergehen, müssen wir die den Versuchen anhaftenden oder zugeschriebenen Fehlerquellen kurz erläutern.

a) Die Behauptung, daß die Versuchsperson durch den Anblick und das Ablaufen der Apparate gestört werde[1]), dürfte heute als widerlegt anzusehen sein. Ähnliche Vorwürfe hatten die Gegner der experimentellen Psychologie gegenüber erhoben, die sich mit Recht hiergegen wehrte und die Unrichtigkeit des Vorwurfes nachwies. Die zu Beginn bei Neulingen auftretende Befangenheit verschwindet in der Tat nach kurzer Gewöhnung restlos. Die zur Eingewöhnung anzustellenden Vorversuche bleiben für die Berechnung außer Betracht.

b) Nicht mit dem Experiment vertraute Forscher pflegen dem fehlerlosen Funktionieren der Instrumente mit starkem Mißtrauen gegenüberzustehen. Dieses Mißtrauen ist gleichfalls durchaus ungerechtfertigt[2]). Ist nämlich der Apparat — oder das Instrument — richtig konstruiert, so ist bei sachgemäßer Handhabung ein Versagen völlig ausgeschlossen. Hin und wieder kommt es natürlich vor, daß die Zeichnung des einen oder anderen Hebels aussetzt. Der Gesamtverlauf der Kurve zeigt in den weitaus meisten Fällen unmittelbar, ob es sich im gegebenen Falle tatsächlich um eine Aufnahmestörung handelt. Genügt zu dieser Kontrolle die Gesamteinzelkurve nicht, so

---

[1]) B. Schädel überschätzt wirklich die Fehler, die durch „die Anwendung komplizierter Maschinen in manchen Stücken . . . beim Sprecher" hervorgerufen würden. (B. Schädel: Über Schwankungen und Fehlergrenzen beim phonetischen Notieren. Halle a. S. 1910, S. 4.)

[2]) Joh. Storm äußert sich so: „Ich habe keinen großen Glauben an solche mechanischen Bestimmungen, (die Hugo Schuchardt gefordert hatte). Die Maschinen heben oft das Unwesentliche unverhältnismäßig hervor." (Phonet. Stud. II. 1889 S. 141.) Was Storm sich darunter vorgestellt hat, wird wohl ewig dunkel bleiben.

kann man sie durch Vergleich mit den Parallelkurven auf ihre „Vertrauenswürdigkeit" prüfen [1]). Bleiben dann noch Zweifel übrig, so ist der Kurvenstreifen einfach unberücksichtigt zu lassen.

c) Nicht so ohne weiteres ist der Vorwurf abzuweisen, daß der Versuchsperson beim Sprechen wirklich Fehler unterlaufen, daß sie sich also verspreche.

Da bei den Rußaufnahmen nachträgliche Abhörkontrolle ausgeschlossen ist, würden objektiv bestehende Fehler tatsächlich das Resultat beeinflussen können. Immerhin wird die Häufigkeit solcher Irrtümer nie groß sein, die Fehlerquelle wäre mithin um so unbedeutender, je größer die Anzahl der Versuche selbst ist. Außerdem wird der geübte und in der Kurvenanalyse erfahrene Experimentator in manchen Fällen den Fehler ohne weiteres erkennen. Die einzelnen Laute haben in den Kurvenaufnahmen ganz charakteristische Linienführungen [2]). Im begründeten Zweifelsfalle wird man die betreffende Kurve ebenfalls nicht auszählen und verwerten.

d) Den weitaus größten Anteil an den Fehlern hat die spätere Analyse der Kurven und die Bearbeitung der Zahlenwerte.

Die Laute werden in Hundertstelsekunden ausgezählt und in deren Zehntel geschätzt [3]). Hierin ist eine offenbare Unsicherheit begründet, da bekanntlich für bestimmte Zehntel eine gewisse Schätzungsvorliebe besteht, eine bevorzugte Schätzung aber, die individuell etwas differenziert ist. Die Auszählung einer Zeitkurve gibt — nach wiederholten Feststellungen — nicht ganz streng gleiche Zahlenwerte, wenn die Zeitbestimmung durch verschiedene Personen oder durch dieselbe Person an verschiedenen Tagen erfolgt.

Um die Richtigkeit der Zeitablesungen und namentlich der Zehntelschätzungen zu kontrollieren, verfügt man über ein einfaches Mittel, dessen konsequente Verwendung durchaus empfehlenswert ist. Besonders bei Wörtern mit hoher Lautzahl

---

[1]) Vgl. den auch noch heute sehr lesenswerten Aufsatz des Abbé Rousselot: La Phonétique expérimentale jugée par M. Jespersen (Revue de Phonétique I. 1911. 2. Heft S. 107).

[2]) Vgl. Rousselot ebda. S. 109 f.

[3]) Vgl. S. 34.

kann ja, wenn sich die Schätzungsfehler nicht gegenseitig aufheben[1]), durch Häufung der Irrtümer eine Gesamtdauer ermittelt werden, die von der richtigen um einen immerhin beträchtlichen, wenn auch objektiv nicht großen Wert abweicht.

Die Gesamtdauer des Wortes kann nun einmal als solche bestimmt werden. Anderseits muß sich derselbe Wert ergeben aus der Summierung der Einzeldauern der im Wort enthaltenen Laute. Stimmen die beiden auf verschiedenen Wegen erhaltenen Summen nicht überein, so sind entweder Additions- oder Schätzungsfehler unterlaufen. Die Kontrolle muß in der Weise erfolgen, daß zuerst die Gesamtdauer des Wortes festgestellt wird; danach (nicht umgekehrt!) addiert man die Einzeldauern. Bei der Gesamtzeitbestimmung reduzieren sich die möglichen Schätzungsfehler auf 2, nämlich zu Beginn und am Ende des Wortes.

Ein Beispiel sei mitgeteilt: als Gesamtquantität von [*monopoliθarían*] war die absolute Zeit von 105,4 Sek/100 ausgezählt bzw. geschätzt worden. Die Addition der Einzeldauern ergibt die gleiche Summe:

m	*o*	*n*	*o*	*p*	*o*	*l*	*i*	*θ*	*a*	*r*	*í*	*a*	*n*
9,4	7,2	3	6,2	2,8	5,8	5,2	6,8	6	8,6	1,8	17,8	8	16,8

= 105,4 Sek/100.

Sind die Zahlen nicht absolut identisch, so muß der Fehler durch Nachprüfung der Zehntelschätzungen ermittelt werden.

Zählungsfehler werden im allgemeinen durch diese Kontrolle ohne weiteres beseitigt werden können.

Rechenfehler sind gleichfalls beinahe ausgeschlossen. Die unten mitzuteilenden Tabellenrechnungen sind nämlich so durchgeführt, daß die Endergebnisse sich stets selbst kontrollieren. Die Wortdauer ist ja einerseits gleich der Summe der Silbendauern wie anderseits gleich der Summe der Einzellautdauern. Die drei entsprechenden Endsummen müssen also übereinstimmen.

Soll man mithin die Möglichkeit der Fehler nicht unterschätzen, so ist doch eine Überschätzung keineswegs gerecht-

---

[1]) Dies dürfte allerdings nur selten vorkommen, da sich die Fehler im allgemeinen addieren, insofern jedes Individuum eine bestimmte Tendenz besitzt, entweder allgemein zu über- bzw. zu unterschätzen.

fertigt. Die 'Treue', d. h. die Übereinstimmung unserer Berechnungen mit den objektiven Tatbeständen, ist praktisch erheblich, im Vergleich dazu sind die Fehler fast bedeutungslos[1]).

V. Berechnung der Lautdauer.

1. Die Abgrenzung der Laute.

Die Berechnung der Lautdauer hat zur Voraussetzung die vorherige exakte Abgrenzung des Einzellautes in bezug auf dessen Beginn und Ende. Verfügt man, wie in unseren Aufnahmen, über drei einander zugeordnete Kurvenzüge, so werden sich für diese Bestimmungen durchweg so eindeutige Merkmale und Kennzeichen auffinden lassen, daß eine Unsicherheit nur in verschwindend seltenen Fällen eintreten wird. Aber selbst bei dieser als besonders günstig anzusehenden Art der Sprechaufnahme ist eine absolute und restlose Sicherheit für alle Fälle noch nicht erreicht.

Merkwürdigerweise ist diese Frage im Zusammenhang bisher noch nicht eingehend behandelt worden. Sie ist aber so wichtig, daß eine prinzipielle Erörterung nicht zu umgehen ist. Zunächst muß Klarheit darüber geschafft werden, was man als Lautbeginn und was als Lautende bezeichnet. Stehen die zu untersuchenden Phoneme im absoluten An- oder Auslaut, so ist wenigstens ein Zeitmoment jedesmal mit Sicherheit zu bestimmen; nicht aber ist das ohne weiteres der Fall im Wortinnern. Die einzelnen Forscher sind in der Tat hier verschieden vorgegangen.

Meyer-Gombocz[2]) beschreiben die Abgrenzung der Vokale wie folgt:

„Die Dauer der Vokale wurde gerechnet vom Zeitpunkt der Aufhebung des Verschlusses oder der Enge des anlautenden[3]) Konsonanten bis zu dem Zeitpunkt, wo der Verschluß oder die Enge des folgenden Konsonanten hergestellt ist; im Falle der Vokal auslautet, bis zu dem Zeitpunkt, wo die Engenstellung der Stimmbänder aufgehoben wird."

[1]) Weiteres über Fehlerquellen findet man bei E. W. Scripture: Anwendung der graphischen Methode auf Sprache und Gesang. Leipzig, Barth, 1927, S. 17ff.

[2]) a. a. O. S. 5.

[3]) Besser allgemein: des vorhergehenden Konsonanten.

Meyer-Gombocz rechnen nach dieser Darstellung eine auf den Konsonanten etwa folgende Aspiration dem folgenden Vokal zu, ein Verfahren, das nach einer Erörterung von Otto Bremer (in dessen 'Deutscher Phonetik' S. 178f.) allerdings nicht ohne weiteres anzuerkennen wäre. „Wenn“, sagt Bremer, „dem gehauchten Einsatz der Stimme eine stimmlose Explosion innerhalb des Ansatzrohrs vorausgeht, so kann man, je nachdem man den Hauch zu dem Vokal oder zu dieser Explosion bezieht, statt von einem gehauchten Stimmeinsatz von einem gehauchten Verschlußabsatz sprechen. Letztere Lautkombination nennt man eine Aspirata.“

Eine prinzipielle Entscheidung ist erforderlich, um eine einheitliche systematische Anwendung zu verbürgen. Als zweiter wichtiger Punkt in der Meyer-Gomboczschen Darstellung wäre anzuführen, daß der Vokal bis zu dem Augenblick reiche, „wo der Verschluß oder die Enge des folgenden Konsonanten hergestellt“ sei. Die Interpretation dieses Absatzes ist nicht ganz eindeutig; sinngemäß dürfte er aber wohl bedeuten, daß der Gleitlaut vom Vokal zu folgender Konsonanz hin dem Vokal beigezählt werden müsse, da ja der Konsonant erst mit dem Moment beginnt, wo der Verschluß oder die Enge hergestellt ist.

Genaueres hierüber erfährt man an einer anderen Stelle der Meyer-Gomboczschen Untersuchung (S. 21), in der die Dauer der Konsonanten behandelt ist. „Die Dauer der Konsonanten“, heißt es dort, „wurde von dem Zeitpunkt, wo der Verschluß oder die Enge gerade vollzogen ist, bis zu dem Zeitpunkt gerechnet, wo dieser Verschluß oder die Enge wieder aufgehoben wird. Die Dauer des Anglitts und des Abglitts ... ist also nicht in die Dauer des Konsonanten eingerechnet.“

Ekblom[1]) (S. 5) schließt sich der Meyer-Gomboczschen Formulierung fast wörtlich an, nur in einem, allerdings wesentlichen Punkte, weicht er davon ab.

„Betreffs der Abgrenzung der Konsonanten sei erwähnt, daß als Anfangsgrenze der Zeitpunkt gewählt worden ist, in welchem der Verschluß bzw. die Enge selbst beginnt ...“

Ohne weiteres wird man einsehen, daß hierin eine Abweichung von der durch Meyer und Gombocz geübten Art liegt; denn der Verschluß beginnt, strenggenommen, bereits

[1]) Beiträge zur Phonetik der serbischen Sprache. Uppsala 1917.

mit der Bewegung (Anglitt). Trotzdem sagt Ekblom an derselben Stelle ausdrücklich, daß Anglitt und Abglitt „nicht in die Konsonantendauer eingerechnet“ sind (S. 5). Der Zeitpunkt aber, wo der Verschluß beginnt (Ekblom), ist offenbar nicht identisch mit demjenigen, wo der Verschluß gerade hergestellt ist (Meyer-Gombocz)[1].

Um Klarheit in der Entscheidung über das zu befolgende Verfahren zu gewinnen, sei ein später ausführlicher zu behandelnder Gesichtspunkt bereits vorausgenommen: die Verschlußlaute sind nicht durch ihre sogenannte Stellungsphase charakterisiert, wie O. Jespersen und andere meinen, sondern durch ihre Bewegungsphasen, d. h. durch An- und Abglitt[2].

An- und Abglitt gehören eben irgendwie zum Verschlußlaut, wie überhaupt zu jedem Laut. Damit ist aber die Lösung des zur Diskussion stehenden Problems vorbereitet. Nach Panconcelli-Calzias Darstellung (Experimentelle Phonetik, 1921, S. 122) teilen Chlumsky und Gutzmann den Abglitt des Vokals zum Konsonanten dem Vokal, den Abglitt des Konsonanten zum Vokal dem Konsonanten zu. Diese Art wird den tatsächlichen Verhältnissen schon ziemlich gerecht. Nur, scheint uns, kann die Grenze des Übergangs noch schärfer gefaßt werden. Der Abglitt des Vokals geht ja in den Anglitt des Konsonanten mehr oder weniger gleitend, allmählich über. Aber der Kurvenduktus der Mundstromlinie zeigt — falls die Aufnahme geglückt ist — stets deutlich, bis wohin der Vokalcharakter reicht und wo der Konsonantencharakter beginnt. Wir rechnen also beim Übergang von Vokalen zu Konsonanten den vokalischen Teil zum Vokal, den konsonantischen zum Konsonanten. Umgekehrt lassen wir nachkonsonantische Vokale erst da beginnen, wo der Vokalcharakter sich zu zeigen beginnt. Die Aspiration teilen wir also dem Konsonanten zu. Dahin gehört sie aber auch; denn die Aspiration findet sich oder kann sich finden, wenn kein Vokal folgt, nämlich am Wortende.

Unsere auf Grund der direkten Beobachtung angestellte Überlegung stimmt übrigens durchaus mit dem von Rousselot

[1]) Ein direkter Vergleich der auf so verschiedene Weise erhaltenen Resultate ist natürlich überhaupt nicht möglich.

[2]) Daher ist die Bezeichnung 'Verschlußlaut' überhaupt nicht treffend.

befolgten Verfahren überein[1]). Chlumsky hat in seinem Aufsatz 'La question du passage des sons'[2]) die folgenden praktischen Anweisungen nach Rousselots Ideen gegeben:

„1. Der Übergang von Konsonanz zum Vokal (Verschlußlaut + Vokal) wird so abgegrenzt:

a) Die Verschlußlösung beginnt in dem Augenblick, wo der Hebel die Nullinie verläßt.

b) Die Verschlußlösung endet bei der 1. Vokalschwingung (gleichgültig wie stark die Veränderung zu Beginn ist).

Mithin endet der Konsonant bei der ersten Vokalschwingung.

2. Der Übergang des Vokals zur Konsonanz (Vokal + Verschlußlaut) wird so abgegrenzt:

a) Der Verschluß beginnt beim Fallen des Hebels, er ist vollständig erst bei der Nullinie . . .

b) Die zu Beginn der Hebelsenkung auf der Kurve mitunter sichtbar werdenden Schwingungen gehören zum Vokal."

Somit haben wir eine grundsätzliche Abgrenzung der Laute aufgestellt, die — außer bei *l* und *r*, wie wir sehen werden — in keinem Falle zu Zweifeln Veranlassung gibt und dadurch zu fruchtlosen Auseinandersetzungen. Die obengenannten 'Merkzeichen' auf Nasen- und Kehlkurve erhöhen die Sicherheit der Lautabgrenzung noch ganz bedeutend. Wie später deutlich zu machen sein wird, findet man nämlich beim Vergleichen der synchron aufgenommenen Wellenzüge, daß die Artikulationen sich stets in charakteristischer Weise verbinden. Erst auf Grund dieses geradezu ins Auge fallenden Verhaltens haben wir uns zu der oben dargelegten Abgrenzung der Laute entschließen können. Effenberger[3]) „setzt die Grenze in Zweifelsfällen willkürlich fest", eine für naturwissenschaftliche Arbeiten durchaus abzulehnende Freiheit. Verfügt man bei Zweifelsfällen nicht über 'Merkzeichen', die für die Abgrenzung entscheidend sind, so hat man den Versuch von der Berechnung auszuschalten. K. Hendrik aber schließt sich dem Effenbergerschen Vorgehen mit der Begründung an, „in Anbetracht der Assimilations-

---

[1]) Précis de Phonétique expérimentale I, 2. Aufl. Paris, Didier, 1923, S. 404—466 und II, S. 990. Vgl. A. Millet: Précis d'Expérimentation Phonétique. Paris 1926, S. 96.

[2]) Revue de Phonétique II. Bd., 1. Heft, S. 80f.

[3]) Über den Satzakzent im Englischen. Göttingen-Berlin 1908. Zitiert nach K. Hendrik.

vorgänge ... der Chlumsky-Gutzmannschen Auffassung nicht folgen" zu können (K. Hendrik, S. 14). Hendrik fehlen eben die Merkzeichen, und somit muß auch er in Zweifelsfällen zur Willkür seine Zuflucht nehmen. An sich ist natürlich seine Bemerkung über den störenden Einfluß der Assimilation durchaus stichhaltig; nur hätte diese Feststellung zu methodischen Verbesserungen Anlaß geben müssen. In diesem Punkte ist unsere kombinierte Methode sogar noch einer anderen überlegen, die sonst erhebliche Vorzüge aufweist, den Glyphenaufnahmen nämlich. Verschuur (S. 110. Nr. 3) stellte z. B. in seinen Dialektuntersuchungen fest, daß bei der mikroskopischen Glyphenmessung, die namentlich der Utrechter Forscher J. D. Boeke in hervorragender Weise technisch ausgebildet hatte, Nasalierungen nicht mit Sicherheit festzustellen sind, ebensowenig wie es gelingt, die Grenzen homorganer Konsonanten zu bestimmen. Die Glyphenmessung hat dazu noch andere Nachteile, die übrigens den Eingeweihten durchaus bekannt sind: im allgemeinen sind gewisse Arten von Konsonanten, namentlich stimmlose Verschluß- und Reibelaute, direkt gar nicht meßbar, da diesen Konsonanten überhaupt keine Einschnitte entsprechen oder nur so schwache Kerbungen, daß sie selbst mikroskopisch nicht meßbar sind. Anfangs- wie Endkonsonanz sind mithin auf diesem Wege nicht bestimmbar, zwischen Vokalen stehende Konsonanten werden dagegen indirekt errechnet werden können durch Subtraktion der Vokaldauern von der Dauer der Gruppe. Ganz unmöglich aber wird selbst eine indirekte Feststellung in dem Falle, wo ein stimmloser Verschlußlaut am Ende des Wortes und ein gleicher Laut zu Anfang des folgenden Wortes steht. Beide heben sich ja von der Pause glyphisch nicht ab.

Auch hier bietet unsere Versuchstechnik also Vorteile, da sie dem Ziel der Untersuchung besser gerecht zu werden vermag als andere, weniger vollkommene Methoden. Trotzdem bleiben auch hier noch einige Reste minderer Sicherheit übrig. Sobald nämlich aufeinanderfolgende Laute bei homorganer Artikulation so eng verschmelzen, daß die Grenzen sich nicht mehr abheben, ist auch unsere Anordnung aussichtslos. Die Komponenten von Diphthongen oder Triphthongen sind im allgemeinen nicht zu scheiden. Es gibt aber noch andere Laute mit sehr hohem Verschmelzungsgrad, wie E. Sievers in bekannt meisterhafter Weise darlegt. „Am besten verschmilzt noch das *l*,“ heißt es bei Sievers (S. 168), „namentlich wenn es starke Öffnung hat — darum gehen *al*, *ol* so häufig geradezu in *au*, *ou*, anderwärts in *ai*, *oi* usw. über. Auch die ungerollten *r* geben sehr einheitlich klingende Verbindungen, bei den gerollten bringt das Rollen, bei den Nasalen der Nasalklang etwas dem Vokale nicht Homogenes und deshalb mehr als getrennt Empfundenes in die Verbindung. Aber Nasalvokal + Nasal klingen wieder gut einheitlich.“ Es fragt sich nun, wie sich diese Verschmelzung in unseren Kurven ausdrückt. Im allgemeinen war die Abgrenzung der Nasale bei unseren Messungen ganz leicht durchzuführen, mit Ausnahme einiger Fälle von 'offenen Nasalen' in unbetonter Stellung[1]). Hier bieten die Parallelkurven aber Merkzeichen, die eine zeitliche Bestimmung sicherstellen. Die *r*-Laute liefern, wenn man nur die Mundkurve aufnimmt, unter Umständen Bilder, die Beginn und Ende des Lautes nicht deutlich erkennen lassen. Es kommt nämlich mitunter vor, daß bei zwischenvokalischem *r* dessen Anfang den Charakter des vorhergehenden Vokals aufweist, während das Ende schon dem folgenden Vokal gleicht. Diese Beobachtung hatte bereits Verschuur (S. 108) in seinen Glyphenstudien am Wort [*ǖrə*] gemacht: „Die *r*-Perioden waren nicht an der charakteristischen Form kenntlich. Sie bilden den Schluß der *ü*- und den Anfang der *ə*-Perioden, so daß auch die Dauer der *ü* und *ə* nicht einzeln angegeben werden konnte.“ Glücklicherweise zeigen sich in unseren Kehlaufnahmen beim *r* so deutliche Knicke, daß wir sie als 'Merkzeichen' zur sicheren Abgrenzung benutzen konnten. Die einzige wirkliche Schwierigkeit besteht dann nur noch beim *l*, das mit absoluter Gewähr für Richtigkeit nicht abzuteilen war, da die dem *l* entsprechenden Kurventeile sich so wenig von den Nachbarvokalen abheben[2]),

[1]) Über diese 'offenen Nasale' wird später mehr gesagt werden. Es sind Laute mit reduziertem Mundverschluß und schwacher Nasalität. Eine weitere Abart von reduzierten Nasalen sind die 'unnasalen Nasallaute'.

[2]) Verschuur, S. 110: „Evenals de perioden der intervocalische *r* hebben die der intervocalische *l* het karakter der aangrenzende vocalen. De duur der *l* is by benaderung vastgesteld.“

daß man in solchen Fällen zwar nicht willkürlich verfahren darf, sondern nach einheitlichem, aus den Kurven selbst zu abstrahierendem Prinzip vorgehen wird, um wenigstens innerhalb der Einzeluntersuchung eine Regelmäßigkeit der Abgrenzung zu erreichen an Stelle einer absoluten Sicherheit. Endlich sei noch ein ungünstiger Fall erwähnt: beim Zusammentreffen von zwei Verschlußlauten wird sich eine Grenze nur ziehen lassen, wenn der erste der beiden Laute wenigstens schwach geöffnet wird, wie es übrigens in der korrekten Aussprache des Spanischen – wie des Französischen [1]) — vorkommt. Trifft das aber gelegentlich nicht zu, wird man zunächst nur die Totaldauer der beiden Laute bestimmen, diese natürlich mit aller wünschenswerten Sicherheit. Am einfachsten ließe man diese Fälle beiseite. Da wir nun zunächst die Totaldauern sämtlicher Wörter bestimmt hatten und danach erst die der Silben und Einzellaute, und wir anderseits aus der Totaldauer eine 'repräsentative Bezugszahl' errechnet hatten, blieb uns später nichts anderes übrig, als die Dauer der Teile von solchen Konsonantengruppen analog zu errechnen. Man ging so vor, daß bei den 'vollkommenen' Beispielen das Verhältnis der Teile ermittelt wurde und die gefundenen Werte proportional auf die in Frage kommende Konsonantengruppe übertragen wurden [2]).

2. Die Bestimmung der Synchronen und die Technik der Kurvenanalyse.

Die Ausmessung der Kurven bereitete zu Beginn fast unlösbar scheinende Schwierigkeiten, da die zum Teil erheblichen Elongationen in den Kurvenzügen eine Korrektur notwendig

---

[1]) Wenigstens in den Fällen heterorganer Konsonantenverbindungen. Vgl. Rousselot-Laclotte: Précis de Prononciation française. Paris, Didier, 1913, S. 83f.

[2]) Hierbei ist zu betonen, daß bei diesen Konsonantengruppen im Spanischen der zweite Verschlußlaut der wichtigste ist. Wahrscheinlich wird man nach einer oder zwei Generationen im Spanischen keine zwei Verschlußlaute nacheinander schreiben, geschweige denn sprechen. Heute sagt man bereits stets [*se'tįembre*], obwohl man *Septiembre* (neben *Setiembre*) noch schreibt. Jedenfalls wäre die volle Aussprache des ersten Verschlußlautes falsch; eine sehr kurze und sanfte gilt noch als korrekt; z. B. *Octubre* = [*og'tubre*]; mundartlich, familiär und vulgär = [*o'tubre*]. Vgl. Tomás-Krüger: Handbuch ... §§ 80 und 127.

machten zur Bestimmung der jeweiligen Synchronen in den vier untereinander stehenden Aufnahmen. Würde man das von Langendorff (Physiologische Graphik, 1891, S. 110) vorgeschlagene und auch von späteren Verfassern befolgte Verfahren eingeschlagen haben[1]), so hätte die Bearbeitung der 220 Kurvenblätter eine Zeit erfordert, die praktisch überhaupt nicht aufzubringen wäre. Auch der von F. Wethlo in der August-Nummer vom Jahre 1911, S. 367 der *Med.-päd. Monatsschrift für die ges. Sprachheilkunde* beschriebene Apparat zur mechanischen Korrektur der Kurven konnte hier keine Anwendung finden, weil die Korrektur gleichzeitig in drei übereinanderstehenden Kymogrammen erforderlich wäre[2]). Alle diese Mittel sind für unsere Zwecke weder handlich, noch auch einfach genug, um ein schnell förderndes Arbeiten zu gestatten.

„Deshalb war es schon seit langem mein Bestreben, einen Weg zu finden, wonach die Korrektur einer Kurve, die Messung ihrer Amplitude und die Feststellung der synchronischen Punkte genau, schnell und in demselben Augenblick vorgenommen werden könnten.“ Dieser Absatz ist einer kurzen Abhandlung von Panconcelli-Calzia entnommen[3]), der uns zeigt, daß dasselbe Problem dem Hamburger Phonetiker genau dieselben Sorgen bereitet hatte wie uns. Das ist nun nicht besonders merkwürdig, da eben die gleiche Frage früh oder spät an jeden Forscher herantreten wird, der von dem zeitraubenden Langendorffschen Verfahren loskommen möchte. Merkwürdig ist nur,

---

[1]) Es besteht bekanntlich darin, daß man zunächst eine Nullinie aufnimmt — man erhält sie dadurch, daß man bei ruhend anliegendem Schreibhebel das Kymographion eine volle Umdrehung der Schleife ausführen läßt —, dann mit der Hebellänge als Radius um die zu bestimmenden Punkte Kreise schlägt, endlich von den Schnittpunkten der Nullinie mit diesen Kreisen, und zwar mit dem gleichen Radius, jedesmal einen Kreis beschreibt. Somit legt man die Punkte auf der Nullinie fest, die den Kurvenpunkten entsprechen. Fällt man die Lote auf die Zeitkurve, so ist die Auszählung der Dauern möglich. Das Verfahren ist sehr zeitraubend. (Weiteres S. 33 Fußnote 2.)

[2]) Der im Phonetischen Laboratorium der Universität Hamburg benutzte Kurvenkorrektor und der Synchronisator nach Calzia-Schneider waren uns ebenfalls nicht bekannt; vgl. Vox, Heft 6, 1919, S. 203. Eine Erfahrung in der Handhabung dieser Hilfsmittel besitzen wir nicht.

[3]) Vox 1919, Heft 6, S. 203f.

daß wir, ohne von Calzias Lösung die geringste Ahnung oder Kenntnis gehabt zu haben, doch auf eine durchaus gleiche Abhilfe gekommen sind[1]).

Da wir, wie früher beschrieben wurde, vor der Aufnahme die Schreibhebel auf der unbewegten Kymographentrommel je einen Kreisbogen beschreiben ließen, entstanden dort sehr suggestive Bilder: weil die Punkte der Nullinie als Anfangspunkte der Kreisbogen betrachtet werden können, haben wir hier, wenn sie von Beginn synchronisch eingestellt sind[2]), eben schon zeitlich übereinstimmende Punkte vor uns. Eine hiervon ausgehende Überlegung brachte uns zur Herstellung einer Kurvenschablone, die so erhalten wird, daß man auf einem dünnen, sehr festen Karton zunächst vier wagerechte parallele Linien im Abstande der Schreibhebel- und Stimmgabelspitzen und in irgendeinem Punkte, der tunlichst nahe am linken Rand anzusetzen ist, eine hierauf senkrecht stehende Grade zieht. Um die vier Schnittpunkte der Senkrechten mit den Wagerechten schlägt man Kreise mit den Schreibhebellängen als Radien (die Schreibspitze der Stimmgabel kann ihrer relativ geringen Ausschläge wegen praktisch als unbewegt angesehen werden bzw. als Kreisbogen mit sehr großem Radius). Die so erhaltenen Schnittpunkte entsprechen den Drehpunkten der Schreibhebel. Schlägt man weiter um diese Drehpunkte je einen Kreis mit dem entsprechenden Hebelradius, so erhält man eine Kreisbogenmehrheit, die den jeweils möglichen Hebelwegen entspricht. Führt man mit der nötigen Vorsicht Schnitte an den Kreisbogen entlang – wobei man gut tut, den der Mundstromkurve zugehörigen Bogen möglichst bis oben hin einzuschneiden —, so erhält man eine Synchronenschablone von einer in Abb. IV (vgl. Tafel I) wiedergegebenen Form.

Um die gleiche Schablonenform für die gesamten Aufnahmen einer Versuchsreihe benutzbar zu machen, müssen die Hebel-

---

[1]) Hier sei übrigens bemerkt, daß die im folgenden zu beschreibende Kurvenschablone nicht für die vorliegende Arbeit erdacht wurde, sondern seit 5 Jahren bereits im Bonner Phonetischen Institut Verwendung findet. Sie erfuhr im Laufe der Zeit erhebliche Verbesserungen.

[2]) Eine Erleichterung der Arbeit ist diese Einstellung zweifellos; notwendig ist sie, wie oben gesagt, an sich nicht, jedenfalls aber praktisch, da diese Anordnung das Lesen und Vergleichen der Kymogramme vereinfacht.

abstände auf der Nullabszisse stets übereinstimmen. Man erreicht das leicht dadurch, daß man die betreffenden Abstände an dem Trommellineal durch Kerben oder Vorsprünge markiert. Legt man eine auf die soeben beschriebene Weise erhaltene Kurvenschablone in der richtigen Weise auf das Kurvenblatt, d. h. so, daß sich die Nullinien des Kurvenblattes und der Schablone decken, dann müssen jeweils die vier Schnittpunkte zwischen den Kurvenzügen und den Hebelbogen der Schablone zeitlich zusammengehörige (d. h. synchrone) Punkte sein.

Allerdings ergab sich zunächst noch eine weitere Schwierigkeit, deren Lösung aber ebenfalls nach einigem Suchen gelang[1]). Da wir nämlich eine durchlaufende Nullinie auf den Kurvenblättern selber nicht erhielten[2]), sondern nur deren Anfangs- und Endstücke (siehe S. 20), so ergab sich die Notwendigkeit, die Nullinien nachträglich einzufügen. Bei den fast 2 m langen Streifen war aber an eine irgendwie befriedigende Einzeichnung etwa mit Hilfe eines Maßstabes gar nicht zu denken, zumal die Anschaffung eines tadellosen Maßstabes in dieser Länge ziemlich erhebliche Kosten verursacht. Wir haben uns auf folgende einfache, wohlfeile und handliche Weise geholfen: den Maßstab ersetzten wir durch einen sehr feinen Metalldraht (am besten eine Klaviersaite), der am linken Ende des Meßtisches befestigt, am anderen durch Gewicht, Drehzapfen oder Spiral-

---

[1]) Auch dieses im folgenden kurz beschriebene 'Drahtlineal' ist nicht aus der vorliegenden Arbeit entstanden, seine Verwendung im Bonner Laboratorium liegt gleichfalls bereits um mehrere Jahre zurück.

[2]) Es wäre natürlich, wie bereits oben gesagt ist, leicht gewesen, diese Nullinien dadurch zu erhalten, daß man sämtliche Schreibapparate in der bei der Sprachaufnahme nötigen Stellung an die Kymographentrommel heranbrachte und die Schleife eine volle Umdrehung machen ließ. Von diesem zunächst probeweise angewandten Verfahren mußten wir aber bald absehen, weil beim Zusammenfallen der Nullinie mit der späteren Sprachaufnahme die letztere zum Teil ihre charakteristischen Feinheiten einbüßt. Da aber die Einzeichnung der Nullinie auf jeden Fall die spätere Bearbeitung der Kurven, namentlich aber nachträgliche Feststellungen bedeutend erleichtert, wäre folgender Weg gangbar: man bringt an einer der Schreibkapseln seitlich einen festsitzenden Schreibhebel an, der sich vom eigentlichen, bewegten Schreibhebel in festem und bekanntem Abstande befindet. Auf diese Weise erhält man eine „falsche“ Nullinie, deren Abweichung von der „echten Nullinie“ bei der Kurvenschablone berücksichtigt werden muß.

federzug beinahe bis zur Reißgrenze beschwert war und so eine absolut ideale Gerade lieferte. Unter diesen etwa 2,50 m langen Draht wurde das Kurvenblatt geschoben und mit Hilfe von Nadeln an der rechten und linken Schmalseite auf dem Analysiertisch [1]) unverrückbar aufgespannt, wobei nur zu beachten war, daß die Endstücke der Nullinie von dem darüberliegenden Draht verdeckt wurden.

Die Handhabung der Schablone erfolgt so, daß sie zwischen Kurvenblatt und Draht hin und her bewegt wird. Die fehlerlose Einstellung ist gewährleistet, wenn der Draht als Nullinie die der Schablone selber aufgezeichnete Nullinie vollständig verdeckt. Man erleichtert sich die richtige Einstellung bedeutend, wenn man die Schablone verhältnismäßig breit ($\pm$ 12 cm) wählt [2]) und die Nullinie der Schablone durch zwei Kreuze am rechten und linken Rande markiert, um so eine Querverschiebung der Schablone selbst möglichst auszuschließen.

3. Die Lautdauer.

Hat man mit Hilfe der Synchronenschablone die Laute nach den oben dargelegten Gesichtspunkten abgeteilt und durch Striche mit einem harten, fein gespitzten Bleistift markiert, ein Verfahren, das man praktisch am ganzen Kurvenblatt nacheinander durchführt, so werden, wie oben bereits erwähnt wurde, die Zeiten auf der Stimmgabelkurve in Hundertstelsekunden ausgezählt und die Zehntel der Ganzschwingungen geschätzt. Auf diese Weise erhält man die absolute Lautdauer. Die so bestimmten Zahlen sind aber wenig übersichtlich und wenig plastisch, da ja bei den Angaben der absoluten Zeitdauern jede unmittelbare Vergleichsmöglichkeit und Anschaulichkeit fehlt. Verschuur hatte bereits im Jahre 1902

---

[1]) Die Platte unseres Analysiertisches ist zirka 2,50 m lang und aus furniertem Pappelholz mit Stirnleisten hergestellt.

[2]) Da die Abstände der Schreibkapseln tunlichst von vornherein feststehend genommen werden sollen, könnte man die Schablone in Zelluloid herstellen lassen. Leider haben wir bisher keine Firma gefunden, die für die Herstellung solcher Schablonen in Frage käme. Das Arbeiten mit einem solchen Hilfsmittel wäre wegen dessen Durchsichtigkeit ganz besonders empfehlenswert, außerdem zeitsparend, da die Übersicht erleichtert ist. Die Genauigkeit der Abteilung wäre mit geringer Mühe zu erzielen.

versucht, seine Zahlenwerte durchsichtiger zu gestalten, indem er die von ihm ermittelten Zeitbestimmungen mit 100 multiplizierte, den größten so erhaltenen Wert = 20 setzte und auf diese Bezugszahl sämtliche Einzeldauern umrechnete, „ein Verfahren, bei dem die Zahlenwerte unverändert bleiben, während die Zahlenwerte selber handlicher und für die verschiedenen Perioden bequemer vergleichbar werden“ (Verschuur[1]), S. 52f.). Verschuurs Vorgehen bedeutete eine wertvolle Neuerung; nur dürfte es zweifelhaft sein, ob die Wahl der Bezugszahl 20 besonders glücklich ist. Diese Zahlengröße ist nicht bestimmt genug — im psychologischen Sinne natürlich —, um sie als Vergleichsbasis zu benutzen. Eindeutiger wäre sicher die Basis 100 gewesen, und zudem rechnerisch praktischer. Da wir aber unsere Zeitdauern auf Zehntel von Hundertstelsekunden schätzten, hätte man bei dieser Berechnungsweise immer noch Brüche erhalten. Das wäre nur zu vermeiden gewesen durch die Bezugsziffer 1000. Rechnerisch hätte man in diesem Falle ganze Zahlen erhalten, an plastischer Vorstellbarkeit aber sehr vieles eingebüßt; die Zahlen wären eben als solche zu groß und unvorstellbar geworden.

Auf die Notwendigkeit, die relativen Lautdauern zu berechnen, hat namentlich Panconcelli-Calzia wiederholt mit Recht nachdrücklich hingewiesen; der bereits vorliegende Versuch Verschuurs war ihm wohl nicht bekannt geworden. Die erste wirklich brauchbare Berechnung der relativen Lautdauer ist einem Schüler Panconcelli-Calzias zu danken, W. Heinitz, dessen Verfahren im Prinzip das Verschuursche war: die Gesamtdauer D eines Lautkomplexes (Wortes oder Satzes) wird dividiert durch die Anzahl ($= x$) der Komponenten dieses Komplexes; also $\frac{D}{x} = Q$. Q bedeutet eine ‘ideelle Einheit’, auf die man die absolute Dauer jedes Einzellautes so bezieht, daß man $Q = 1$ setzt und die absoluten Einzeldauern in ihrem Verhältnis hierzu berechnet. Die Heinitzsche Methode läßt nun eine gewisse Unsicherheit übrig. Man hat sich bei einer größeren Anzahl von Aufnahmen darüber zu entscheiden, ob man jede Einzelaufnahme (Wortmehrheit oder Satz

[1]) A. Verschuur: Klankleer van het Noord-Bevelandsch, Amsterdam 1902.

eines Streifens) als Komplex ansehen will oder nicht. Bei näherer Überlegung wird man bald finden, daß ein derartiges Verfahren gar nicht durchführbar ist, würde man doch so viele absolute Q-Werte erhalten, wie man Streifen hat. Die Bezugszahl wäre dann zwar gleich, die Basis aber jedesmal eine andere, und die verschiedenen Werte wären immer noch nicht, obschon sie relative Werte sind, miteinander vergleichbar. Um diese unbedingt anzustrebende Vergleichbarkeit zu erzielen, mußten wir einen anderen Weg einschlagen. Wir betrachteten unsere sämtlichen Aufnahmen schlechthin als einen einzigen Totalkomplex. Die Dauern der zunächst von uns aufgenommenen 7883 Laute wurden also addiert und die Totalsumme durch 7883 dividiert. Damit erhalten wir den absoluten Durchschnittswert, die wirkliche 'ideelle Einheit', eine Zahl, die bei uns = 13 ist (genauer 13,03 Hundertstelsekunden). Setzen wir 13 = 1, so können wir sämtliche Relativdauern für das gesamte Material auf der gleichen Basis bestimmen und umgekehrt von jeder Relativzahl aus durch eine einfache Rechnung die absolute Dauer finden.

Diese Berechnungen sind unendlich mühsam[1]), selbst dann, wenn man sich, nach Art der Logarithmentafel, ein Heft mit den Relativzahlen zu 13 anlegt, in der Voraussicht, daß dieselben Zahlenverhältnisse ziemlich gleich häufig wiederkehren. Auch so blieben noch im ganzen etwa 40 000 Einzelberechnungen auszuführen, eine ungeheure Leistung, die eben nur mit Unterstützung anderer zu bewältigen ist. Wir hatten das Glück, für diese zeitraubenden und ermüdenden Arbeiten in Herrn cand. phil. Karl Weitkus einen gewissenhaften und treuen Helfer gefunden zu haben, dem auch an dieser Stelle für seine allzeit bewiesene Bereitwilligkeit gedankt sei. Einzelne Sonderberechnungen[2]) wurden ausgeführt von den Herren stud. phil. K. Bornscheuer, W. Keller und A. Wenig. Auch ihnen sei nochmals gedankt.

Zusatz: Das von uns untersuchte Wortmaterial war ursprünglich, wie oben gesagt wurde, lediglich unter dem Ge-

---

[1]) Besonders deshalb, weil 13 eine Primzahl ist und keine Umrechnung sich auf Beziehungen (Vielfache oder Teile) dieser Zahl zu anderen Zahlen stützen kann.

[2]) Diese sind teilweise im vorliegenden Band noch nicht mitgeteilt.

sichtspunkt ausgewählt worden, daß jeder Laut sich in jeder vorkommenden Stellung zeigte. Bei der Auswertung der Resultate ergaben sich nun, sozusagen unter der Hand, neue und unerwartete Gesichtspunkte, für deren Lösung das zuerst aufgenommene Wortmaterial nicht oder nicht ganz ausreichte. Es waren nämlich eine ganze Reihe von Worttypen, namentlich von längeren, in dem Aufnahmematerial nicht enthalten. Nachträglich — d. h. also längst nach Errechnung unserer Einheitsdauer — mußten wir uns zur Ergänzung der verfügbaren Kurvenstreifen entschließen. Die dabei gefundenen Werte wurden nun gleichfalls auf die Zahl 13 bezogen. Das ist, wie zugegeben sei, eine Inkonsequenz, da das betreffende Material selber ja nicht zur Bestimmung der Einheitsdauer gedient hatte. Von einer Neurechnung mußte abgesehen werden; wesentlich ist der Fehler übrigens nicht. Die sich ergebende Zahl hätte nur um ein geringes unter 13 gelegen[1]); d. h. bei der Abrundung wäre doch wieder die Zahl 13 aufgetaucht.

[1]) Diese Berechnung wurde selbstverständlich ausgeführt. Also ist die „Inkonsequenz“ nur theoretisch.

II. Teil.

Berechnungen.

Typus I 1.

Das in unseren Versuchen benutzte Wortmaterial ist jedesmal bei den einzelnen Worttypen vermerkt, und zwar in gewöhnlicher Druckschrift wie auch in phonetischer Transkription. Die letztere steht in eckigen Klammern.

Zur Transkription selber seien einige Erläuterungen gegeben. Im allgemeinen folgen wir dem neuesten Umschriftalphabet der Association Phonétique Internationale; in gewissen Einzelheiten mußten wir leider davon abweichen.

I. Das neue Zeichen ʎ für spanisches ll dürfte aus manchen Gründen älteren Symbolen gegenüber den Vorzug verdienen. Zunächst ist es ein umgekehrtes y. Die Aussprache des ll ist tatsächlich in vielen Gegenden Spaniens sowie in ganz Spanisch-Amerika dieselbe wie die des spanischen y vor Vokal, nämlich die des deutschen j. Ferner findet man in anderen romanischen Sprachen dieselbe Neigung; älteres französisches l mouillé ist in der Isle de France zu j geworden. Das Kastilianische wie auch das Katalanische haben erweichtes l bewahrt, ebenso das Südfranzösische und Schweizerische. Endlich erinnert das Zeichen ʎ an das griechische λ; es ist mithin in der Reihe der Lateralen naheliegend.

II. Mit ʋ, dem Zeichen für den bilabialen stimmhaften Reibelaut, sind wir nicht einverstanden. Es ist irreführend; denn erstens erinnert es lebhaft an das griechische *υ ψιλόν*, zweitens an das *v* einiger romanischer Sprachen, was leicht zu der falschen labiodentalen Aussprache des Lautes führen würde. Drittens ist das Symbol nicht konsequent mit den Zeichen der gleichartigen Laute, nämlich ð und g. Wir entschieden uns für das alte Zeichen ƀ. Später werden wir auf Grund experimenteller Befunde den Nachweis führen, daß es sich bei ƀ, đ und g überhaupt nicht um Reibelaute, sondern um modifizierte Verschlußlaute handelt, und zwar — wie besonders hervorgehoben werden soll — um nichtintendierte Modifikationen der betreffenden Verschlußlaute. Die besonders schlaffe und schwache Auslaut-Implosiva bezeichnen wir mit Navarro Tomás (§ 104) durch hochgestellte Minuskel.

III. ð ist noch ein überflüssiges und inkonsequentes Zeichen; denn der zu bezeichnende Laut stellt nur eine Modifikation eines Verschlußlautes d dar, nicht aber die Modifikation eines nicht bestehenden *δ*. Behält man aber das durch den Querstrich gekennzeichnete Symbol g bei, das dem Verschlußlaut g[1]) entspricht, so wäre die entsprechende Verwendung von d und đ bzw. von b und ƀ nur konsequent gewesen.

IV. nj. Auch dieses Symbol scheint uns wenig annehmbar zu sein. Die Formen von ɲ und ŋ sind logisch zusammengesetzt. Wenn aber ɳ eine n-Artikulation präpalataler Art, also eine nach rückwärts verlegte n-Variante andeuten soll, so wäre konsequent für das labiodentale n vor f das Zeichen ɱ gewesen. Wir bleiben beim früheren m̯.

V. w, y, j (y) (w) werden als „semi-vowels“ bezeichnet, aber mit Zeichen konsonantischer Geltung geschrieben. Da aber im Spanischen zwischen 'Halbvokal' und 'Halbkonsonant' unterschieden werden muß[2]), so umschrieben wir anfangs die Halbvokale durch kleine Vokalzeichen: u y i (y) (u), die Halbkonsonanten durch die bekannten großen Konsonantenzeichen[3]). Aus praktischen Gründen bezeichnen wir hier die

---

[1]) Hier lassen wir die Kritik dieses Lautzeichens beiseite. Jedenfalls ist die Form merkwürdig und inkonsequent. Sämtliche Verschlußlaute werden durch die geläufigen Druckbuchstaben wiedergegeben, nur bei g macht man hin und wieder eine Ausnahme.

[2]) Sie sind zwar keine 'Phoneme' im Sinne von D. Jones, d. h. Laute, die, in der einen oder anderen Form gesprochen, dem Wort eine verschiedene Bedeutung geben. Hieraus leitet ja Jones erst die Berechtigung zu einer Unterscheidung in der Umschrift überhaupt ab. Das kommt hier an sich nicht in Frage. Wohl aber muß untersucht werden, was in einem gegebenen Falle gesagt worden ist und ob die Verschiedenheit sich irgendwie in der Dauer auswirkt. Damit ist die Notwendigkeit einer Differenzierung in der Transkription ein für allemal begründet. Nur in rein praktischen Schriften mag man davon absehen.

[3]) Der an sich dankenswerte Versuch, die phonetische Umschrift einheitlich zu gestalten, kann in seinen Einzelheiten nicht ganz befriedigen. Die Schwierigkeiten, hier zu einer Einigung zu gelangen, sollen nicht verkannt werden. Vgl. O. Jespersen und H. Pedersen: Phonetic

Halbvokale durch die gewöhnlichen Vokalzeichen mit untergesetztem Bogen, z. B. i̯.

VI. Die Betonung wird durch Akzentuierung des Tonvokals angedeutet.

2, 3, 4 I 1.[1]) (73) = aus 2—4 Lauten bestehendes Einsilbenwort. Im ganzen an 73 brauchbaren Beispielen nachgeprüft.

Das Wortmaterial ist in folgender Tabelle in alphabetischer Folge verzeichnet und nach der Lautzahl gruppiert. In der eckigen Klammer ist jedesmal die Umschrift angegeben.

2 Laute.		can	[kán]
él	[él]	coz	[kóθ]
hay	[ái̯]	dad	[dáđ]
ir	[ír]	dar	[dár]
Sa	[sá] (1)	dos	[dós]
sé	[sé]	Fez	[féθ] (3) * 3
sí	[sí]	fin	[fín]
tú	[tú]	Mur	[múr] (1)
		muy	[múi̯] **
3 Laute.		paz	[páθ]
Bau	[báu̯] (1)	pon	[pón]
caf	[káf] (2)	res	[r̄és]

Anmerkung: Die Fußnoten zu den Wortlisten sind durchlaufend numeriert.

1 Nur einmal in den Aufnahmen, z. B. S. 41. 3 Drei Aufnahmen vorhanden.

(1) Familienname. (2) Name eines hebräischen und arabischen Buchstabens. (3) Ortsname Nordafrikas; kann auch als Gattungsname einer Kopfbedeckung aufgefaßt werden (geschrieben mit Minuskel-f).

* Drei verschiedene Aufnahmen; in einer der drei zweifelte man, ob [féθ] oder das ebenfalls richtige [fés] gesprochen wurde. ** Eins der wenigen Wörter, die nur gewählt wurden, um besondere Lautverbindungen zu haben. Allein kommt das Wort allerdings nie vor.

Transcription and Transliteration. Proposals of the Copenhagen Conference April 1925. Oxford, Clarendon Press, 1926.

[1]) Die hinter der römischen Zahl stehende Einheit gibt die Stellung der Tonsilbe an. An sich ist, da es sich hier um einsilbige Wörter handelt, die Angabe überflüssig. Sie ist nur hinzugefügt, um die Einheit mit den anderen Wortformen zu wahren.

rey	[r̄éi̯]	soy	[sói̯]
Rif	[r̄íf] (4)	sús	[sús] ***
ron	[r̄ón]	tal	[tál]
sas	[sás] (5) 1	ten	[tén]
sed	[séᵈ]	tez	[téθ]
ser	[sér]	vas	[bás]
ses	[sés] (6) 1		
Sil	[síl] (4)	**4 Laute.**	
Sis	[sís] (4) 1	cruz	[krúθ]
sol	[sól]	flor	[flór] 3
Sos	[sós] (4) 1	tres	[trés]

2, 3, 4 I 1. (73)

Tabelle I.

	Anzahl der Laute pro Wort	der Silben	der Wörter	Lautsumme Wörter	Zeitsumme der Laute Wörter	Durchschnittsdauer der Wörter abs.	rel.	Durchschnittsdauer der Laute Wort abs.	rel.
α	**2**	11	11	22	490,2 $\frac{sec}{100}$	44,56 $\frac{sec}{100}$	*3,4277*	22,28 $\frac{sec}{100}$	*1,7138*
β	**3**	55	55	165	3126,5 $\frac{sec}{100}$	56,7 $\frac{sec}{100}$	*4,3615*	18,9 $\frac{sec}{100}$	*1,4538*
γ	**4**	7	7	28	370,2 $\frac{sec}{100}$	52,88 $\frac{sec}{100}$	*4,0677*	13,22 $\frac{sec}{100}$	*1,0169*
ζ η		73	73	215	3986,9 $\frac{sec}{100}$	54,615 $\frac{sec}{100}$	*4,2011*	18,543 $\frac{sec}{100}$	*1,4264*
	A	B	C	D	h	p	p_1	q	q_1

Von wesentlichem Belang ist vorläufig nur die letzte Kolumne, in der die relativen Durchschnittsdauern der Laute im Wort (von 2, 3 und 4 Lauten) angegeben sind: danach dauert der Laut im Zweilautwort relativ länger als im Dreilautwort, in

(4) Geographischer Name. (5) Dürfte wohl als richtige mexikanische und mittel- wie südamerikanische Aussprache der spanischen Interjektion ¡zás! betrachtet werden. (6) Darf als eine mundartliche Form der 2. Pers. Sg. Cj. Praes. von ser (dt. sein) betrachtet werden; oder als amerikanische Aussprache des span. Wortes „ces“ [θés], amerik. [sés], Mehrzahl von „ce“ (= der Buchstabe c).

*** Eins der wenigen Wörter, die als Ausruf gesprochen wurden, um spezielle Lautverbindungen zu haben.

diesem länger als im Vierlautwort. Die durchschnittliche Lautdauer nimmt also hier ab mit steigender Lautzahl.

Typus II 1.

3, 4, 5, 6, 7 **II** 1. (372) = aus 3—7 Lauten bestehendes Zweisilbenwort, dessen 1. Silbe betont ist. Insgesamt an 372 Beispielen nachgeprüft.

Wortmaterial in der bei **I** 1. dargelegten Aufteilung und Reihenfolge:

3 Laute.

ama	[áma]
baha	[báa] (7)
baho	[báo] (7)
boa	[bóa] (7)
hija	[íxa]
hoja	[óxa]
hoyo	[ójo]
lee	[lée] (7)
loe	[lóe] (7)
loo	[lóo] (7)
olla	[óʎa]
pía	[pía] (7)
pío	[pío] (7)
púa	[púa] (7)
ríe	[r̄íe] (7)
vea	[béa] (7)
veo	[béo] (7)

4 Laute.

álef	[álef] (8)
álif	[álif] (9)
alza	[álθa] [3]
ancho	[ántʃo] (15)b
ánez	[áneθ] (14)
asno	[ásno] [4]
Baco	[báko] (10)
befa	[béfa]
bicho	[bítʃo] (15)b
boda	[bóđa]
bola	[bóla]
bulla	[búʎa]
buzo	[búθo]
cabe	[káƀe]
cado	[káđo]
caja	[káxa]
calle	[káʎe]
caña	[káɲa]
caro	[káro] [4]
casa	[kása] [3]
cazo	[káθo]
cebo	[θéƀo]
cepa	[θépa]
chico	[tʃíko] (15)b

4 Vier Aufnahmen vorhanden.

(7) **Zweisilbig!** Das ist die korrekte Aussprache. (8) Hebräischer Buchstabe. (9) Arabischer Buchstabe. (10) Eigenname. (14) Endung eines längeren Wortes, das aber in der Aufnahme nur in seinen zwei letzten Silben auf der Kurve lesbar ist. Diese Silben sind an sich so richtig ausgesprochen wie sonst. (15)b Bei der Aufzählung des Wortmaterials wurden diese Wörter (irrtümlich?) als nur vierlautig betrachtet: das [tʃ] wurde als ein Laut gerechnet.

chivo	[tʃíƀo] [(15)]	pito	[píto] [3]
coche	[kótʃe] [(15)b]	poco	[póko]
come	[kóme]	pozo	[póθo]
copo	[kópo]	puño	[púɲo]
cota	[kóta]	queja	[kéxa]
coto	[kóto] [1]	queso	[késo]
cura	[kúra]	rayo	[r̄ájo] [4]
Díaz	[díaθ] [(1)(7)]	reto	[r̄éto] [3]
dice	[díθe]	roba	[r̄óƀa]
dogo	[dógo]	Roque	[r̄óke] [(10) 3]
fofo	[fófo]	ruta	[r̄úta] [4]
gallo	[gáʎo]	Safo	[sáfo] [(10)]
Gobi	[góƀi] [(4)]	sapo	[sápo]
gorra	[gór̄a]	seco	[séko]
lago	[lágo]	sello	[séʎo]
lego	[légo]	sepa	[sépa]
ligo	[lígo]	silla	[síʎa]
Lugo	[lugo] [(4)]	temo	[témo]
macho	[mátʃo] [(15)b]	timo	[tímo]
malo	[málo]	tipo	[típo]
Mayo	[májo] [(11)]	trae	[tráe] [(7)]
mira	[míra]	tufo	[túfo] [3]
mirra	[mír̄a]	tuvo	[túƀo]
mono	[móno]	tuyo	[tújo] [(12)]
mucha	[mútʃa] [(15)b]	vida	[bíđa]
mucho	[mútʃo] [(15)b]	viña	[bíɲa]
mula	[múla]	zumo	[θúmo]
nuca	[núka]		
opte	[ópte]		
parra	[pár̄a]		
pata	[páta] [3]		
pelo	[pélo]		
perra	[pér̄a]		
pecho	[pétʃo] [(15)b5]		

5 Laute.

ámbar	[ámbar]
ángel	[áŋxel]
aptas	[áptas]
árbol	[árbol]
belga	[bélga]
boina	[bói̯na]

5 Fünf Aufnahmen vorhanden.

(11) Monatsname. (12) Zu vergleichen mit 'tú y yo' = [túi̯-jó].

(1)—(10) u. (15)b } wie auf den anderen Seiten dieses und des vorhergehenden Typus.

bueno	[bwéno]
bulto	[búlto] [3]
cesta	[θésta]
chumbo	[tʃúmbo] [3] } vgl. (15)b
chusma	[tʃúsma] } vgl. (15)b
concha	[kóntʃa] } vgl. (15)b
corto	[kórto]
Cosme	[kósme] (10)
costa	[kósta]
cuida	[kwíđa] [1]
cuota	[kwóta]
curvo	[kúrbo]
Cuzco	[kúθko] (4)
dadme	[dá^{d}me] (13) [3]
digno	[díg̯no]
docto	[dóg̯to]
dogma	[dóg̯ma]
dones	[dónes]
doyte	[dói̯te] (13)
gaita	[gái̯ta] [4]
golpe	[gólpe] [3]
gozne	[góθne] [3]
gozque	[góθke]
grifo	[grífo] [3]
hembra	[émbra]
hombro	[ómbro]
justo	[xústo]
lápiz	[lápiθ]
mirto	[mírto]
mismo	[mísmo]
monje	[móŋxe]
pasto	[pásto]
pauta	[páu̯ta]
peine	[péi̯ne]
Peris	[péris] (1)
pesca	[péska]

piano	[pjáno]
pincha	[píntʃa] vgl. (15)b
pinta	[pínta] [3]
pitan	[pítan]
puede	[pwéđe] [1]
pugno	[púg̯no]
punto	[púnto]
Queipo	[kéi̯po] (1)
rampa	[r̄ámpa]
recta	[r̄ékta]
resma	[r̄ésma]
reuma	[r̄éu̯ma]
rosas	[r̄ósas]
Sautu	[sáu̯tu] (1)
silba	[sílba]
tacto	[tákto]
tiene	[tjéne] [1]
todos	[tóđos]
tumba	[túmba] [1]
vedlo	[béđlo] (13)
vengo	[béŋgo]
yerba	[jérba]

6 Laute.

brizna	[bríθna]
buitre	[bwítre] [3]
cantan	[kántan]
cóndor	[kóndor]
crezca	[kréθka] [3]
cuatro	[kwátro]
dracma	[drág̯ma]
guante	[gwánte]
lumbre	[lúmbre]
parten	[párten]
veinte	[béi̯nte]

7 Laute.

nupcias	[núpθjas] [3]

(Tabelle II, siehe Anhang.)

(13) Ganz korrekte Verbindung eines Zeitworts (dad, ved, ...) mit seinem Objektsuffix (me, lo ...).

Um spätere Wiederholungen zu vermeiden, sei hier der Aufbau der Tabelle **II** (Anhang) ausführlich dargestellt[1]).

Das an dieser Stelle Gesagte wird auf die folgenden Tabellen sinngemäß zu übertragen sein.

Am linken Vertikal- und unteren Horizontalrand aller Tabellen stehen Buchstaben des griechischen bzw. lateinischen Alphabets. Mit ihrer Hilfe ist es leicht, die Stelle irgendeiner Zahl auf den Tabellen schnell und genau zu bestimmen. Zum Beispiel bedeutet $q_1 \gamma$ auf II 1. die Zahl 1,0461, d. i. die relative Durchschnittsdauer der Laute in jedem der 129 Fünflautwörter; wenn angegeben werden soll, wie die Zahl an der Stelle $q \gamma$ (13,6 $^{sec}/_{100}$) gewonnen wurde, so wird dies durch Hinweis auf den Bruch $\frac{h\gamma}{D\gamma}$ schneller möglich sein als durch die umständliche Angabe: 13,6 $^{sec}/_{100}$ ist entstanden durch Division der Zeitsumme der Laute der 129 Fünflautwörter und der Lautsumme (Lautanzahl) der 129 Fünflautwörter, also $\frac{8767,3}{645}$. Durch die Anwendung des kartographischen Prinzips der Ortsbestimmung werden Wiederholungen in der Kopfbeschriftung vermieden.

Wahl und Reihenfolge der Buchstaben bedürfen noch einer Erläuterung. Die ersten vier linken Vertikalkolumnen sind mit den großen lateinischen Buchstaben A B C D versehen, weil sie die Struktur des in jedem Typus untersuchten Wortmaterials angeben. Man erkennt z. B. sofort, daß die hier untersuchten 33 Wörter der Kolumne C α, da zum Typus II 1. gehörig, 66 Silben enthalten müssen (B α), daß sie ferner, weil auf das Wort je 3 Laute kommen (A α), insgesamt 99 Laute aufweisen müssen (D α). Die auf D rechts folgenden Kolumnen enthalten entweder Auszählungen oder rechnerische Auswertungen, die sich auf die in den Kolumnen A—D gebotenen Daten beziehen.

Es erschien darum geboten, die Reihe A B C D nach D abzubrechen und eine neue Reihe, mit a beginnend, anzufangen. Auf der Tabelle II 1. bricht sie bei b ab, fährt mit h fort, wird bei j wiederum unterbrochen und von p ab unter Einfügung

---

[1]) Die folgende Darstellung (bis Seite 49) stammt im wesentlichen von cand. phil. Karl Weitkus, der auch die zugehörigen Rechnungen ausführte.

von p_1 q_1 r_1 bis s_1 fortgeführt. Die fehlenden Glieder c—g, k—o, t—x_1 treten erst in den Tabellen mit wachsender Silbenzahl auf. Die Tabelle zu Typus VII [1]) weist z. B. die ganze Reihe a—x_1 ununterbrochen auf. Infolge dieser Anordnung beginnen in allen Tabellen die fünf Hauptgruppen (Anzahl der Wörter, Silben, Laute; Lautsumme; Zeitsumme der Laute; Durchschnittsdauer der Wörter; Durchschnittsdauer der Laute) mit den gleichen Buchstaben, also mit A, D, h, p, q. Hierdurch wird der Vergleich von Tabellen hochzahliger Typen mit solchen von geringzahligen wesentlich erleichtert. Die für den gesamten Typus geltenden Laut- und Zeitsummenangaben sowie Laut- und Wortdurchschnittsdauern sind auf allen Tabellen in gleichnamigen Reihen zu finden, nämlich in ζ und η.

Nun zu der Tabelle II im einzelnen!

Die Kolumne A enthält die Anzahl der Laute pro Wort im Typus II 1. Die Zahlen 3, 4, 5, 6, 7 bedeuten **Drei**lautwort, **Vier**lautwort usw. Aus der Kolumne B ist die Anzahl der untersuchten Silben ersichtlich; es zeigt sich also, daß die 33 Dreilautwörter 66 Silben, die 183 Vierlautwörter 366 Silben enthalten usw. Die Zahlen der Kolumne B ergeben sich für den Typus II durch Multiplikation der Kolumne C mit 2. Die Kolumne C enthält die Anzahl der im Typus II 1. untersuchten Wörter. Es sind also 33 Wörter zu je 3 Lauten, 183 Wörter zu je 4 Lauten, 129 Wörter zu je 5 Lauten, 24 Wörter zu je 6 Lauten und 3 Wörter zu je 7 Lauten untersucht worden. Die Kolumne D gibt an, wieviel Laute insgesamt bei allen Drei-, Vier- usw. -Lautwörtern zur Untersuchung vorlagen. Die Zahlen der Kolumne D werden gewonnen durch Horizontaladdition der Kolumnen a und b oder durch Multiplikation der Zahlen in Cα bis Cε und Aα bis Aε. In den Kolumnen a bzw. b sind die Lautsummen der ersten bzw. zweiten Silben aufgeführt, mit andern Worten: die ersten Silben der 33 Dreilautwörter enthalten 56 Laute, die zweiten Silben derselben Lautwortgruppe 43 Laute usw. In den Kolumnen i und j stehen die Zeitsummen der in den Drei—Siebenlautwörtern enthaltenen ersten bzw. zweiten Silben. Alle 56 ersten Silben der 33 Dreilautwörter dauern zusammen 1037,4 $^{sec}/_{100}$; alle zweiten Silben derselben Lautwortgruppe dauern 1004,1 $^{sec}/_{100}$ usw. Aus den

[1]) Siehe Tabelle XXI im Anhang

beiden Summen der Kolumnen iα bis iε und jα bis jε berechnet sich die Gesamtzeitsumme aller in den 372 Wörtern (Cη) vorkommenden 1641 ((a b)η und Dζ) Laute mit 24211,5 $^{sec}/_{100}$ [Kolumne (i j)η]. Diese Zahl muß natürlich übereinstimmen mit der an der Stelle hζ stehenden, die ihrerseits gleich der Vertikalzeitsumme der in den fünf Lautwortgruppen zu Wörtern vereinigten Laute ist. Die Daten zu Kolumne hα bis hε wurden auf doppelte Weise erhalten. Kolumne h stellt an sich die Summe der Kolumnen i und j dar. Die Kolumne pα bis pε enthält die Durchschnittsdauern der im Typus II 1. behandelten Drei—Siebenlautwörter. Die Zahl an der Stelle pα besagt also, daß die Dauer jedes der 33 Dreilautwörter durchschnittlich mit 61,8636 $^{sec}/_{100}$ festgestellt ist usw. Die Zahlen pα bis pη sind gewonnen aus den Kolumnen h und C $\left(\frac{\text{Zeitsumme der Laute der Wörter}}{\text{Anzahl der Wörter}}\right)$. 65,08 $^{sec}/_{100}$ ist also nicht als arithmetischer Mittelwert von pα bis pε aufzufassen. Den Grund für diese auf den ersten Blick vielleicht fremd anmutende Berechnungsweise werden wir unten näher ausführen. Die in der Kolumne p_1 gegebenen Zahlen sind die zu p gehörigen Relativwerte, erhalten aus der Proportion 13 : 1 = N : x. 13 ist bekanntlich hier der absolute Durchschnittswert der Lautdauer, der für die Bestimmung der Relativzeit gleich 1 zu setzen war. Beispiel $p_1\alpha$:

$$13 : 1 = 61{,}8636 : x$$
$$13x = 61{,}8636$$
$$x = 4{,}7587\ (p_1\alpha).$$

Um die Tabellen nicht unübersichtlich zu machen, haben wir die an sich logisch folgenden Kolumnen „Durchschnittsdauer der 1., 2. usw. Silbe" weggelassen, um diese Frage später in anderem Zusammenhange zu behandeln. Vgl. S. 71f.

Aus der Kolumne q ist die Durchschnittsdauer der Laute im Wort zu ersehen. Jeder Laut der 33 Dreilautwörter dauert demnach durchschnittlich 20,63 $^{sec}/_{100}$.

Die Zahlen qα bis qε wurden gewonnen aus den Kolumnen h und D $\left(\frac{\text{Zeitsumme der Laute der Wörter}}{\text{Lautsumme der Wörter}}\right)$. 14,75 $^{sec}/_{100}$ (qη) ist wiederum nicht das arithmetische Mittel aus qα bis qε, sondern ist entstanden aus $\frac{h\zeta}{D\zeta}$. In der Kolumne q_1 finden sich die Relativwerte zu q. Um zu erläutern, wie die Werte in rα bis rε und sα bis sε gefunden wurden, soll hier die Berechnung für das Dreilautwort durchgeführt werden. Die Anzahl der ersten Silben beträgt 33, die Zahl der sie bildenden Laute ist 56 (cf. aα). Jeder Silbe kommen mithin durchschnittlich $\frac{56}{33}$ Lauteinheiten zu. Damit bekommen wir für die realen ersten Silben — im Typus II 1. die Tonsilben — 33 Lautkomplexe zu je $\frac{56}{33}$ Lauteinheiten. Die Zeitsumme sämtlicher 33 Silben ist 1037,4 $^{sec}/_{100}$ (cf. iα). Im Durchschnitt dauert also jede dieser Silben $\frac{1037,4}{33} = 31,43\,^{sec}/_{100}$ $\left(= \frac{56}{33}\text{ Lauteinheiten}\right)$. Die Durchschnittsdauer für den Laut (der natürlich $= \frac{33}{33}$ Lauteinheiten ist) kann aus dem eben Genannten ohne weiteres bestimmt werden, nämlich als $\frac{31,43 \cdot 33}{56}$ $= 18,521\,^{sec}/_{100}$ (cf. rα), oder relativ $= 1,4246 \left(\frac{56}{33}\right)$ (cf. $r_1\,\alpha$). Dieselbe Überlegung, auf die zweite Silbe angewandt, ergibt die Rechnung: Zeitsumme $= 1004,1\,^{sec}/_{100}$ (cf. jα), durchschnittliche Silbendauer $\frac{1004,1}{33} = 30,43\,^{sec}/_{100} \left(= \frac{43}{33}\text{ Lauteinheiten}\right)$; auf den Einzellaut $\left(= \frac{33}{33}\text{ Lauteinheiten}\right)$ bezogen, ist diese Dauer $\frac{30,43 \cdot 33}{43} = 23,369\,^{sec}/_{100}$ (cf. sα), oder relativ $= 1,7977 \left(\frac{43}{33}\right)$ (cf. $s_1\,\alpha$). Die an den Stellen rζ und sζ stehenden Zahlen sind die Quotienten $\frac{i\zeta}{a\zeta}$ bzw. $\frac{j\zeta}{b\zeta}$.

Wie oben angedeutet wurde, sind die den Typus als Ganzes charakterisierenden Durchschnittsdauern der Laute im Wort, in der ersten und zweiten Silbe (qη, rζ, sζ) sowie die Durchschnittsdauer des auf der Ansilbe betonten Zweisilbenwortes (pη) als Quotienten gewonnen worden, deren Dividenden (i j) und Divisoren (a b) und C wiederum Zahlenausdrücke des Typus als Ganzes darstellen; also:

$$q\eta = \frac{(i\,j)\,\eta}{(a\,b)\,\eta};$$

$$r\zeta = \frac{i\,\zeta}{a\,\zeta};$$

$$s\zeta = \frac{j\,\zeta}{b\,\zeta};$$

$$p\eta = \frac{(i\,j)\,\eta}{C\,\eta}.$$

Sie durften nicht aus den Kolumnen $q\alpha$ bis $q\varepsilon$ und $p\alpha$ bis $p\varepsilon$ abgeleitet werden, weil sie ganz allgemein Durchschnittsdauern des Zwei-, Drei- usw. -Silbenwortes darstellen sollen, ohne Rücksicht auf dessen Lautzahl. Um äußerlich sichtbar zu machen, daß sie nicht aus den über ihnen stehenden Kolumnen bestimmt werden, sind sie von diesen durch drei dünne horizontale Linien getrennt.

In II 1. machen wir zum ersten Male eine durch die späteren Tabellen gestützte Beobachtung: die nämlich, daß die Lautzahl der Tonsilbe $(\alpha - \zeta)\,a$ durchschnittlich größer ist als in der unbetonten Silbe $(\alpha - \zeta)\,b$. Der betonte Vokal ist eben imstande, eine größere Lautmasse zu tragen als der nichtbetonte. Auch ist der Laut in der Tonsilbe $(\zeta\, r_1)$ durchschnittlich länger als der in der unbetonten Endsilbe $(\zeta\, s_1)$. Die Lautdauer wird kleiner mit größer werdender Lautzahl $(\alpha - \varepsilon)\, q_1$; das Siebenlautwort bietet hier allerdings eine Unregelmäßigkeit. Letztere erklärt sich wohl aus dem zu geringen Wortmaterial dieser Art $(\varepsilon\, C)$.

Typus II 2.

188 brauchbare **zweisilbige** Wörter von 3—7 Lauten, mit Akzent auf der letzten Silbe.

Wortmaterial:

3 Laute.		4 Laute.	
allí	[aʎí]	Acab	[akáᵇ][1 (14)]
huyó	[ujó]	afán	[afán]
oyó	[ojó]	ajar	[axár]
usó	[usó]	asar	[asár]

atún	[atún]
Ayub	[ajú^{b}] (14)
azul	[aθúl]
cayó	[kajó]
echar	[et∫ár] (15) b
error	[er̄ór]
hollar	[oʎár]
honor	[onór]
Hugón	[ug̨ón] (14)
Inés	[inés] (14) 1
izar	[iθár]
Odón	[ođón] (14)
olor	[olór]
orar	[orár]
pagó	[pagó]
tisú	[tisú]
unir	[unír]

5 Laute.

arder	[ardér] 1
biyár	[bijár] (15)
bufón	[bufón]
buzón	[buθón]
cajón	[kaxón]
ceder	[θeđér]
cegar	[θegár]
cerrar	[θer̄ár]
cesar	[θesár] 3
Felíu	[felíu̯] (1) (15) c
fichar	[fit∫ár] (15) b
honrar	[onr̄ár]
jarrón	[xar̄ón]
Jesús	[xesús] (14)
latón	[latón]
local	[lokál]
mojar	[moxár]
moral	[morál]
pillar	[piʎár]
reloj	[r̄elóx]
retar	[r̄etár]
rifar	[r̄ifár]
Roloff	[r̄olóf] (1)
sacar	[sakár]
sajón	[saxón]
salud	[salú^{d}]
Sallén	[saʎén] (1) (4)
sanar	[sanár]
sayón	[sajón]
sazón	[saθón]
sellar	[seʎár]
soñar	[soɲár]
tamiz	[tamíθ]
temor	[temór] 3
teñir	[teɲír]
timón	[timón]
tomar	[tomár]
topar	[topár]
tutor	[tutór]
untar	[untár]
urdir	[urdír] 1
vivac	[biƀák]
zafir	[θafír]
zapar	[θapár]

6 Laute.

acción	[ag̨θjón]
Aldric	[aldrík] (1)
beldad	[beldá^{d}]
boicot	[boi̯kó^{d}]
cerner	[θernér]
compré	[kompré]
dictar	[dig̨tár] 3

---

(15) Mundartliche Schreibung und Aussprache statt billar [biʎár].

(1)b Das Wort ist ein katalanischer Familienname.

fragor	[fragór]
lector	[legtór]
lumbar	[lumbár]
Madrid	[madrí^{d}] (4) (1) 1
Mandeb	[mandé^{b}] (4)
Masdéu	[masdéu̯] (1)
morder	[mordér]
opción	[opθjón] 4
pactar	[pagtár]
partís	[partís]
pinchar	[pint∫ár] (15)b
Portbou	[porbóu̯] (4)
signar	[signár]
silbar	[silbár]
virtud	[birtú^{d}/$_{\theta}$] (16)
viudez	[bjuđéθ]
volver	[bolbér]

7 Laute.

dicción	[digθjón]
sección	[segθjón] 1
tronchar	[tront∫ár] (15)b

(Tabelle III, siehe Anhang.)

Auch hier nimmt die Lautdauer ab bei länger werdendem Wort. Die Schlußsilbe ist zugleich die Tonsilbe; die aus der Betonung wie der Auslautstellung herrührenden Dehnungstendenzen addieren sich also. Die Tonika ist nun auch durchschnittlich tatsächlich länger als die unbetonte (ζ r_1) und (ζ s_1), aber keineswegs um so viel länger, als sich nach der mehrfach vorhandenen Dehnungstendenz vermuten ließe. Sie ist auch nicht länger in 3 (von 5) Wortgruppen (von 3—5 nämlich [α—γ] s_1); hier ist die Tonika, trotzdem sie noch Auslautsilbe ist, kürzer als die unbetonte. Den Grund hierfür haben wir bereits in II 1. genannt. Man braucht nur die Kolumnen (α—ε)a und (α—ε)b der vorliegenden Tabelle zu vergleichen, um den Grund unmittelbar einzusehen: Bei den Sechs- und Sieben-Lautwörtern ist nämlich die Lautanzahl der beiden Silben nicht stark verschieden, wohl aber bei den Drei- bis Fünf-Lautwörtern. Die Verkürzungstendenz bei der lautreicheren Silbe hat aber das Übergewicht über die verstärkte Dehnungstendenz bei betonter Auslautstellung gehabt.

Typus III 1.

5, 6, 7, 8, 9 **III** 1. (257). 257 dreisilbige Wörter mit betonter Anlautsilbe und aus 5—9 Lauten bestehend.

---

(16) [birtú^{d}] wäre die richtige Aussprache, [birtúθ] eine mundartliche. Welche verwandt wurde, konnte man schon gleich nach der Aufnahme nicht mehr genau feststellen.

Wortmaterial:

5 Laute.

ábaco	[áƀako]
ágata	[ágata] [3]
álamo	[álamo] [3]
ámame	[ámame] [(17)]
échalo	[étʃalo] [(15)b]
ético	[étiko]
hígado	[ígađo]
húmedo	[úmeđo]
húyeme	[újeme] [(25)]
Ícaro	[íkaro] [(14)]
írrito	[ír̄ito]
ópalo	[ópalo]
óvalo	[óƀalo] [4]
óyeme	[ójeme] [(17)]
Úbeda	[úƀeđa] [(4)]
único	[úniko]
úsase	[úsase] [(20)]
útile (?)	[útile]? [(18)]

6 Laute.

ábdito	[áƀdito] [3]
ábside	[áƀsiđe]
Áipuru	[ái̯puru] [(1)]
ánfora	[ám̯fora] [3]
búcaro	[búkaro]
búfalo	[búfalo]
cálate	[kálate] [(19)]
céfiro	[θéfiro]
cíñese	[θíɲese] [3] [(20)]
cómete	[kómete] [(21)]
córrete	[kór̄ete] [(19)]
cóseme	[kóseme] [(22)]
cúrase	[kúrase] [(20)]
dáñase	[dáɲase] [(20)]
décima	[déθima]
déjame	[déxame] [(17)]
díjole	[díxole] [(23)]
embolo	[émbolo]
éramos	[éramos]
éxito	[éksito] [3]
fúgase	[fúgase] [(20)]
gáname	[gáname] [(22)]
házmelo	[áθmelo] [5]
hiérase	[jérase] [(20)]
hínchase	[íntʃase] [(20)] [(15)b]
húrtese	[úrtese] [(20)] [3]
íctico	[ígtiko] [3] [(24)]
ímpetu	[ímpetu]
Jémini	[xémini] [(10)]
lícito	[líθito]
llórase	[ʎórase] [(20)]
nádase	[náđase] [(20)]
óigame	[ói̯game] [(25)] [3]
Ólbega	[ólƀega] [(4)]
ónfalo	[óm̯falo]
óptimo	[óptimo]
óxido	[óksido]
páselo	[páselo] [(26)]
pátina	[pátina]

(17) Imperativ mit Objektsuffix (*me*). (18) So haben wir das Wort in den Typustabellen gefunden. Es scheint aber dort nicht richtig vermerkt zu sein. Vielleicht *útiles*? (19) Imperativ mit Objektpronomen (*te*). (20) Verbum finitum mit Objektpronomen (*se*). (21) Imperativ mit Dativpronomen (*te*). (22) Imperativ mit Dativpronomen (*me*). (23) Verbum finitum mit Dativpronomen (*le*). (24) = zum rhythmischen Iktus gehörig = *iktisch*. (25) Verbum finitum mit Objektsuffix (*me*). (26) Optativ mit Objektsuffix (*lo*).

páramo	[páramo]
pésimo	[pésimo]
pífano	[pífano]
pítima	[pítima]
pócima	[póθima]
pódela	[póđela] (27) [3]
póliza	[póliθa]
póneme	[póneme] (28)
púlelo	[púlelo] (29) [3]
púliza	[púliθa] [1] (30)
rájalo	[r̄áxalo] (29)
rápido	[r̄ápiđo]
ráyalo	[r̄ájalo]
sácalo	[sákalo]
séllalo	[séʎalo] [1] (29)
séllase	[séʎase] (20)
sépase	[sépase] (31)
séquese	[sékese] (31)
séyalo	[séjalo] (32) (29)
tóquele	[tókele] (33)
último	[último]
Úpsala	[úpsala] (4) (34)
vínole	[bínole] (35)

7 Laute.

ángeles	[áŋxeles]
árboles	[árboles]
cántaro	[kántaro]
céltico	[θéltiko]
crótalo	[krótalo]
cuídese	[kwíđese] (31)
diáfano	[di̯áfano]
énfasis	[émfasis]
fáltame	[fáltame] (28)
Géminis	[xéminis] (36)
góndola	[góndola]
ínflase	[ímflase] (20)
ménsula	[ménsula]
mínimum	[mínimum/n] (37) [1]
pásmate	[pásmate] (19)
péscalo	[péskalo] (38)
píldora	[píldora] [3]
pláceme	[pláθeme] (28)
pórtico	[pórtico]
ruéguele	[r̄wégele] (33)
séptico	[séptiko]
síntoma	[síntoma]
súbdito	[súƀdito]
técnica	[tégnika] [4]
témanle	[témanle] (33)
tómbola	[tómbola]
túmbase	[túmbase]
viénele	[bi̯énele] (28)
vístete	[bístete] (19)

(27) Optativ mit Objektsuffix (*la*). (28) Präsens Indikat. mit Dativsuffix (*me*). (29) Imperativ mit Objektsuffix (*lo*). (30) Irrtümlich gesprochen statt [póliθa] unter Einfluß eines benachbarten [púlelo]. (31) Optativ mit Objekt **-se**. (32) Mundartlich für séllalo [séʎalo]. (33) Optativ mit Objekt **-le**. (34) Die Betonung ist vielleicht nicht die richtige; aber sie war gewählt, um besondere Lautverbindungen in besonderen Nachdruckverhältnissen zu haben. Die Betonung in Ortsnamen ändert ja nichts Wesentliches an der Bedeutung. (35) Verbum finitum mit Dativ **-le**. (36) Konstellationseigenname. (37) Die korrekte Aussprache ist nur [mínimun]: beeinflußt durch das Katalanische und Deutsche aber ist es sehr wahrscheinlich, daß Vp. [mínimum] gesagt hat. (38) Imperativ mit Objekt **-lo**.

8 Laute.

bástanos	[bástanos](39)	názcanos	[náθkanos](42)
cánticos	[kántikos]	práctico	[prágtiko]4
crézcame	[kréθkame](40)	rústicas	[r̄ústikas]
cúmpleme	[kúmpleme](28)	trónchalo	[tróntʃalo](38)(15)b
fíchanlos	[fítʃanlos](41)(15)b	vírgenes	[bírxenes]3
lúzcanos	[lúθkanos](42)	triúnfase	[triúm̑fase](20)

(Tabelle IV, siehe Anhang.)

Die bisher gemachte Beobachtung, daß betonte Silben durchschnittlich lautreicher sind als unbetonte, trifft auch hier zu. Man könnte eine gleiche Untersuchung von einem anderen Gesichtspunkt aus anstellen. Zu fragen ist, ob bei verschiedener Lautzahl der Silben die lautreichste auch die betonte ist. Eine derartige Tendenz besteht jedenfalls; man denke an den Akzentwechsel in dtsch. *lebéndig* im Vergleich zu nl. *lévendig*. Auch für das Spanische scheint dies nach anderen Beobachtungen zuzutreffen. Die einzige wesentliche Ausnahme dürfte die Pluralendung im Nomen und Verbum sein.

Das bereits bekannte Quantitätsgesetz zeigt in III 1. eine, allerdings geringe, Störung beim Sechs- und Neunlautwort, die eine etwas zu lange Lautdurchschnittszeit ($\beta\, t_1$) und ($\varepsilon\, t_1$) aufweisen. Im übrigen ist die Zeitverkürzung die dem Gesetz entsprechende. Für die Tonsilbe allein (α—ε) r_1 ist diese Gesetzmäßigkeit sogar erstaunlich regelmäßig. Die relativen Lautdauern der drei Silben verhalten sich etwa wie 10 : 7 : 9, die mittlere ist also die kürzeste, die letzte hat Enddehnung, die betonte Anfangssilbe ist erwartungsgemäß die längste, und zwar um so mehr, als sie, wie gesagt, die lautreichste ist. Es sei vor der Verwechslung gewarnt, die in dieser Tabelle (wie in den entsprechenden) stehenden Werte als Silbendauern aufzufassen. Es sind lediglich Lautdurchschnittsdauern.

Typus III 2.

5, 6, 7, 8 III 2. (250).

250 dreisilbige Wörter, bei denen die Mittelsilbe betont ist. Die Wörter bestehen aus 5—8 Lauten.

(39) Präs. Indik. mit Dativ -nos. (40) Optativ mit Dativ -me.
(41) Präs. Indik. mit Akkus. -los. (42) Optativ mit Dativ -nos.

Wortmaterial:

5 Laute.

actúe	[aktúe]
actúo	[aktúo]
adito	[ađíto][(13) 3]
aguja	[agúxa][3]
añejo	[aɲéxo]
apuro	[apúro]
arrimo	[ar̄ímo]
arrojo	[ar̄óxo]
bujía	[buxía]
hachazo	[atʃáθo][(15)b]
higuera	[igéra]
hilera	[iléra]
hogaza	[ogáθa]
humano	[umáno]
Ibero	[iƀéro][3 (44)]
ochavo	[otʃáƀo][(15)b]
ocupa	[okúpa]
otero	[otéro]
Udine	[uđíne][(1) (1) (34)]

6 Laute.

aceite	[aθéi̯te]
añicos	[aɲíkos]
arando	[arándo]
babucha	[baƀútʃa][(15)b]
bodega	[bođéga]
borrego	[bor̄égo]
cabeza	[kaƀéθa]
careta	[karéta]
carreta	[kar̄éta]
cebolla	[θeƀóʎa]
cepiyo	[θepíjo][(45)]
cereza	[θeréθa][3]
cigarro	[θigár̄o]
cirroso	[θir̄óso]
cocido	[koθíđo][4]
cogulla	[kogúʎa]
colina	[kolína]
cubano	[kuƀáno]
cuñado	[kuɲáđo]
dinero	[dinéro]
edicto	[edígto]
efecto	[efégto]
Eguílaz	[egílaθ][(1)]
Elvira	[elbíra][(4) (10)]
enebro	[enéƀro]
erario	[erárjo]
escudo	[eskúđo]
esposa	[espósa]
Ezcurra	[eθkúr̄a][(1)]
Fulano	[fuláno][(46)]
gitano	[xitáno]
gallina	[gaʎína][1]
hijares	[ixáres]
Huberto	[uƀérto][3 (10)]
idiota	[idi̯óta]
miasma	[mi̯ásma oder mi̯/ás/ma][2]
muchacho	[mutʃátʃo][(15)b]
niñera	[niɲéra]
obispo	[oƀíspo]
octavo	[ogtáƀo]
olmedo	[olméđo]
posada	[posáđa]
puchero	[putʃéro][(15)b]
pureza	[puréθa]
quejido	[kexíđo]
rayita	[r̄ajíta][1]

(43) Mundartlich für adicto [ađígto]. (44) Volksname. (45) Mundartl. statt cepillo [θepíʎo]. (46) = Herr Soundso. Sehr häufig gebrauchtes Wort in der korrekten Umgangssprache.

sañudo	[saɲúđo]	ineptos	[inéptos]
señora	[seɲóra]	lo santo	[losánto][3]
serrano	[sef̄áno]	Miranda	[miránda][(4)]
sibila	[siƀíla]	miseria	[misérḭa]
Sucona	[sukóna][(1)]	mofarse	[mofárse][(46)b]
teísmo	[teísmo]	mudanza	[muđánθa]
terreno	[ter̄éno]	ninguno	[niŋgúno]
Zamora	[θamóra][3 (4)]	plebeyo	[pleƀéjo]
Zutano	[θutáno][(46)]	puntada	[puntáđa]
		rasando	[r̄asándo]
7 Laute.		reyerta	[r̄ejérta]
abdomen	[aƀdómen]	Ricardo	[r̄ikardo][(10)]
Alberto	[albérto][(10)]	salvado	[salƀáđo]
Andalus	[andálus][(4)]	sincero	[sinθéro]
bullicio	[buʎíθjo]	tugurio	[tugúrḭo][3]
cadáver	[kađáƀer]	ultraje	[ultráxe]
cautivo	[kaṷtiƀo]	vidente	[biđénte]
centella	[θentéʎa]	Vizcaya	[biθkája][(4)]
cobarde	[koƀárđe][3]	zampoña	[θampóɲa]
Coímbra	[ko/ímbra][(4)]		
colapso	[kolápso][3]	**8 Laute.**	
conciso	[konθíso]	autopsia	[aṷtópsja][3]
concuso	[koŋkúso]	bombarda	[bombárda]
corrupto	[kor̄úpto]	conducta	[kondúgta]
costura	[kostúra]	cupieron	[kupjéron]
decidme	[deθíᵈme][(22)]	difteria	[diftérḭa]
eclipse	[eklípse][3]	diptongo	[diptóŋgo]
Eulogio	[eulóxjo][(10)]	justicia	[xustíθja]
examen	[eksámen]	mimbrera	[mimbréra]
inepcia	[inépθja][3]	Velázquez	[beláθkeθ][(1) 3]

(Tabelle V, siehe Anhang.)

Die (mittlere) Tonsilbe ist wieder die lautreichste (b). Das Quantitätsgesetz bestätigt sich wieder ausnahmslos $(\alpha-\delta)\,q_1$; nicht aber bestätigt sich die bisher gemachte Erfahrung der Zeitdehnung der Laute in der Tonsilbe $(\alpha-\zeta)\,s_1$. Diese zeigt nämlich merkwürdigerweise hier sogar im Durchschnitt die kürzeste Dauer. Die Gründe der Abweichung von der Regel sind nicht schwer darzulegen; denn An- wie Auslautstellung bedeuten als solche schon Dehnungstendenz, größere Lautzahl aber, wie wir wissen — ein Punkt, der später einwandfrei geklärt wird —, Verkürzung der Lautdauer. Daß die Betonung an sich dehnt, ergeben die entsprechenden Zahlen von III 1. und III 3., bei denen die unbetonte Mittelsilbe jedesmal stark verkürzt ist. Sehen wir von der vorläufig noch nicht meßbaren Verkürzungstendenz bei steigender Lautzahl ab, so ist die der Betonung zukommende Dehnung immerhin beträchtlich; die Lautdauern in den Silben verhalten sich ja (abgerundet) wie 10 : 10 : 10, d. h. im mittelbetonten dreisilbigen Wort haben sämtliche Silben durchschnittlich die gleiche Durchschnittsdauer der Laute. Das heißt aber wieder, daß die Mittelsilbe im ganzen als die lautreichere auch die längste ist (vgl. S. 87) Man vergesse nicht, daß die Tabelle keine Silben- sondern nur Lautdauern wiedergibt.

Typus III 3.

5, 6, 7, 8 **III** 3. (99).

99 dreisilbige, aus 5—8 Lauten bestehende Wörter mit betonter Endsilbe.

Wortmaterial:

5 Laute.		obturé	[oƀturé]
animó	[animó]	ondear	[ondeár]
apuré	[apuré]	unidad	[uniđá^{đ}]
6 Laute.		**7 Laute.**	
Abisag	[abisá^{q}] (10)	admitir	[ađmitír]
acodar	[akođár]	amparar	[amparár]
adobar	[ađoƀár]	cantará	[kantará]
agarrar	[agar̄ár] [1]	carmesí	[karmesí] [3]
alteré	[alteré]	cepiyar	[θepijár] (47)
apagar	[apagár]	derogar	[derogár]
Aquitob	[akitó^{ƀ}] (10)	deshojar	[desoxár]
avivar	[aƀiƀár]	destapé	[destapé]
desató	[desató]	edición	[ediθjón]
enjugó	[eŋxugó]	empezar	[empeθár]
emmirrar	[em:ir̄ár]	encerar	[enθerár]
huracán	[urakán]	escudar	[eskudár]

(47) Mundartlich statt cepillar [θepiʎár].

estepar	[estepár][3]	8 Laute.	
ilación	[ilaθjón]	carcañal	[karkaɲál]
muladar	[muladár]	Carvajal	[karƀaxál][(1)]
proveyó	[proƀejó]	concebir	[konθebír]
querubín	[kerubín]	conceder	[konθedér]
rebollar	[r̄eƀoʎár]	distraer	[distraér]
repicar	[r̄epikár]	religión	[r̄elixjón]
retoñar	[r̄etoɲár]	resquemor	[r̄eskemór]
sanidad	[saniđáđ]	ruiseñor	[r̄u̯iseɲór][3]
Siceleg	[siθeléɡ][(10)]	Alexeief	[aleksi̯éf]*

(Tabelle VI, siehe Anhang.)

Die Tonsilbe ist wiederum die lautreichste (α—ζ, c). Das bekannte Quantitätsgesetz wird bestätigt (α—δ, q_1), mit Ausnahme des Fünflautwortes; diese Ausnahme ist wegen der zu geringen Zahl von Beispielen erklärlich.

Der Laut in der Tonsilbe ist durchschnittlich der längste (ζt_1), der in der Mittelsilbe erwartungsgemäß der kürzeste.

Typus IV 1.

$_8$ **IV** 1. (4) = aus 8 Lauten bestehendes Viersilbenwort mit betonter Ansilbe. An vier Beispielen untersucht.

Wortmaterial:

8 Laute.

quítateme	[kítateme][(47)b]
míraselo	[míraselo][(47)b]

(Tabelle VII, siehe Anhang.)

Da es sich um eine geringe Anzahl von Wörtern gleicher Lautzahl handelt, sind Vergleiche nur innerhalb der vier Silben möglich. Beachtenswert ist hier der gleichförmige Silbenbau α (a, b, c, d). Der Laut in der betonten Silbe ist der relativ längste, da sich auf der betonten Ansilbe zwei Dehnungstendenzen vereinigen.

---

(47)[b] Imperat. + Dativsuffix + Akkusativsuffix.

* Die übliche Aussprache ist [aleksejéf].

Typus IV 2.

6, 7, 8, 9, 10 **IV** 2. (92).

92 viersilbige Wörter, bestehend aus 6—10 Lauten, mit Ton auf der drittletzten Silbe.

Wortmaterial:

6 Laute.

ahógase	[aógase] (20)

7 Laute.

abúrrese	[aƀúr̄ese] (20)
acúdase	[akúđase] (31)
acúñase	[akúɲase] (20)
afílalo	[afílalo] (29)
agárrate	[agár̄ate] (19)
caotico	[kaótiko]
eburneo	[ebúrneo] 3
inédito	[inéđito]

8 Laute.

abísmase	[aƀísmase] (20)
agóstase	[agóstase] (20)
cepíllese	[θepíʎese] (31)
empéñase	[empéɲase] (20)
enérgico	[enérxiko]
equípalos	[ekípalos]
escójase	[eskóxase] (31)
escúchame	[eskútʃame] (48) (15)b
espíritu	[espíritu]
estúpido	[estúpiđo]
hipódromo	[ipóđromo]
intímele	[intímele] (49)
magúllalo	[magúʎalo] (29)
recélate	[r̄eθélate] 3 (21)
remáchase	[r̄emátʃase] (20) (15)b

9 Laute.

acénchalos	[aθéntʃalos] (50) (15)b
conózcame	[konóθkame] (25)
convídele	[kombíđele] (33)
dulcísimo	[dulθísimo]
eclípsase	[eklípsase]
embóchelas	[embótʃelas] (51) (15)b 4
empóllanse	[empóʎanse] (20)
ensánchase	[ensántʃase] (20) (15)b
escríbame	[eskríƀame] (40)
escrófula	[eskrófula]
espíritus	[espíritus]
Estébanez	[estéƀaneθ] (1)
pellízcale	[peʎíθkale]

10 Laute.

ensámblalo	[ensámblalo] (29)
estrújalos	[estrúxalos] (50)
infúndeles	[imfúndeles] (52)

(Tabellle VIII, siehe Anhang.)

Die Tonika ist auch hier wieder die lautreichste. Die Lautdauer dieser Silbe ist daher im Vergleich zu den anderen gekürzt. In der Tat ist die Durchschnittsdauer des Lautes —

(48) Imperativ mit Objekt **-me**.
(49) Optativ mit Dativ **-le**.
(50) Imperativ mit Objekt **-los**.
(51) Optativ mit Objekt **-las**.
(52) Imperativ mit Dativ **-les**.

nicht aber die Silbendauer — in der An- und Endsilbe länger als in der zweiten. An sich sollte man ebenfalls erwarten, daß die Durchschnittsdauer des Lautes in der Endsilbe größer sei als in der Ansilbe. Hier stellen wir aber das Gegenteil fest. Vergleicht man nun die Kolumnen εa und εd, so ist die Begründung durch das bekannte Quantitätsgesetz gegeben. Derartige Fälle dürften für spätere Untersuchungen ganz besonderen Wert gewinnen; sie geben ja das Mittel an die Hand, durch entsprechende Vergleiche den jeweiligen Dehnungswert zahlenmäßig zu berechnen oder wenigstens zu schätzen.

Typus IV 3.

8, 9, 10 **IV** 3. (37).

37 viersilbige Wörter, bestehend aus 8—10 Lauten, mit Ton auf der vorletzten Silbe.

Wortmaterial:

8 Laute.		interregno	[intere̅́gno]
abrigado	[aƀrigáđo]	iracundo	[irakúndo]
aquejando	[akexándo]	Olegario	[olegári̯o] (10)
caballero	[kaƀaʎéro]	redomado	[r̄eđomáđo]
caramillo	[karamíʎo]	Sariñena	[sariŋéna]
centelleo	[θenteʎéo]		
desayuno	[desajúno]	9 Laute.	
edificio	[eđifíθjo]	admirable	[ađmiráƀle]
estocada	[estokáđa]		
estofado	[estofáđo]	10 Laute.	
honorable	[onoráƀle]	buenamente	[bwénamente] *
inocente	[inoθénte]	trompetero	[trompetéro] 3

(Tabelle IX, siehe Anhang.)

Die Tonsilbe ist (allerdings zugleich mit der Endsilbe) die lautreichste.

Das Quantitätsgesetz wird bestätigt $(\alpha—\gamma)\, q_1$.

Die Lautdurchschnittsdauer der Tonsilbe ist die relativ längste. Die Schlußsilbe hat, trotz ihres größeren Lautreichtums, doch noch eine längere durchschnittliche Lautdauer als die Ansilbe. Die vorbetonte (dritte) Silbe hat erwartungsgemäß die kleinste Durchschnittslautdauer.

* Irrtümlich in dieser Gruppe verrechnet.

Typus IV 4.

9 **IV** 4. (2).

2 viersilbige, endbetonte Neunlautwörter.

Wortmaterial:

9 Laute: occipital [okθipitál].

(Tabelle X, siehe Anhang.)

Die Tonsilbe ist die lautreichste und hat zugleich die längste Lautdauer, da sich dort zwei Dehnungstendenzen addieren.

Typus V 1.

10 **V** 1. (4).

4 fünfsilbige, anfangsbetonte Zehnlautwörter.

Wortmaterial:

10 Laute.

quítesemele [kítesemele][53]
cátatemelo [kátatemelo][53]

(Tabelle XI, siehe Anhang.)

Bemerkenswert ist wieder, wie bei IV 1., der gleichmäßige Silbenbau der untersuchten Beispiele. Die Tonsilbe hat ebenfalls, wie bei IV 1 und anderen Ansilben, die längste Lautdurchschnittsdauer.

Typus V 2.

11 **V** 2. (2).

2 fünfsilbige Wörter von 11 Lauten mit Ton auf der zweiten Silbe.

Wortmaterial:

11 Laute: lleváronselo [ʎeƀáronselo][53]

(Tabelle XII, siehe Anhang.)

Hier ist ausnahmsweise eine unbetonte Silbe (die dritte) die lautreichste. Die Lautdauer in der Tonsilbe ist offenbar gedehnt, immerhin aber um ein geringes kürzer als die Endsilbe. Die letztere mag wegen der zwei vorhergehenden Schwachsilben eine relativ starke Nebenbetonung erhalten. Außerdem besitzt sie bereits als Auslautsilbe von sich aus eine Tendenz zur Verlängerung. Hieraus kann das Überwiegen über die Ton-

(53) Verbum finitum + Dativ-**se** + Akkusativ-**lo** (-**le**).

silbe herrühren. Vielleicht aber ist auch die Tonsilbe verkürzt durch die ihr folgende lautreiche Unbetonte. Die zutreffende Erklärung dieser Unregelmäßigkeit kann nur durch systematischen Vergleich gewonnen werden (s. u.).

Typus V 3.

10, 11 V 3. (8).

8 fünfsilbige Wörter von 10 und 11 Lauten, mit Nachdruck auf der Mittelsilbe.

Wortmaterial:

10 Laute.		11 Laute.	
eptasilabo	[eptasílaƀo]	emponzoñase	[emponθóɲase][20]
salutífero	[salutífero]		
maravíllese	[maraƀíʎese]		

(Tabelle XIII, siehe Anhang.)

Das vorhandene Wortmaterial ist zu gering, um die Wirkung des Quantitätsgesetzes deutlich werden zu lassen.

Ist an sich schon der gleichmäßige Silbenbau bemerkenswert, so muß außerdem darauf hingewiesen werden, daß die Tonika der zweiten Gruppe nicht die lautreichste ist. Da die Tonsilbe vom Wortanfang und Ende durch je eine Schwachsilbe getrennt wird, ist sie auch nicht die längste.

Typus V 4.

9, 10, 11 V 4. (6).

6 fünfsilbige Wörter von 9—11 Lauten, mit Nachdruck auf der vorletzten Silbe.

Wortmaterial:

9 Laute.		11 Laute.	
acuchillado	[akut̬/iʎáđo][15]b	hebdomadario	[eƀđomađári̯o]
10 Laute.			
etnografía	[eđnografía]		

(Tabelle XIV, siehe Anhang.)

Das Wortmaterial ist wiederum zu gering, um bindende Schlüsse ziehen zu können. Das Quantitätsgesetz ist hier gestört; die lautreichste Silbe ist nicht die Tonika.

Die Dehnung der Tonsilbe ist allerdings besonders deutlich an dieser Stelle.

Typus V 5.

12, 13 **V** 5. (4).

Vier endbetonte fünfsilbige Wörter mit zwölf bzw. dreizehn Lauten.

Wortmaterial:

12 Laute: 13 Laute:

vaporización [baporiθaθjón] contemporizar [kontemporiθár]

(Tabelle XV, siehe Anhang.)

Die Tonsilbe ist wieder die lautreichste und hat als Endsilbe auch durchschnittlich die längste Lautdauer.

Das spezielle Quantitätsgesetz wird bestätigt, da das Dreizehnlautwort im Mittel eine kürzere Lautdauer (q, β) aufweist als das Zwölflautwort (q 1 α) desselben Typus. Das Material ist im übrigen zu dürftig.

Typus VI 2.

13 **VI** 2. (2).

Zwei sechssilbige Wörter, die den Ton auf der zweiten Silbe tragen und aus dreizehn Lauten bestehen.

Wortmaterial:

13 Laute: lleváronsemelo [ʎeƀáronsemelo] (54)

(Tabelle XVI, siehe Anhang.)

Lautreichste Silbe ist hier die der Tonsilbe folgende unbetonte. Die Lautdauer der Tonsilbe ist merkwürdig kurz, wie überhaupt das vorliegende geringe Material auch sonst Abweichungen zeigt, z. B. ist die Lautdauer der Endsilbe kürzer als die der Ansilbe.

Typus VI 3.

13, 14 **VI** 3. (4).

Vier sechssilbige Wörter, mit dem Nachdruck auf der dritten Silbe, und aus dreizehn bzw. vierzehn Lauten bestehend.

Wortmaterial:

13 Laute: detuviéramelo [detuƀjéramelo] (54)b

14 Laute: subleváronsele [suƀleƀáronsele] (54)c

(Tabelle XVII, siehe Anhang.)

---

(54) Verbum finitum + Dativ-se + Dativus ethicus me + Accusativ-lo. (54)b Verbum finitum + Dativ-me + Akkusativ-lo. (54)c Verbum finitum + Acc.-se + Dat.-le.

Das Quantitätsgesetz bestätigt sich nicht. Die betonte Silbe ist nur im Dreizehnlautwort die lautreichste. Die Lautdauer in der Endsilbe ist durchschnittlich länger als in der inneren betonten Silbe (ζ w1) und (ζ t1). Das Wortmaterial dürfte zu gering sein, um irgendwelche Schlüsse zuzulassen.

Typus VI 4.

12, 13 **VI** 4. (4).

Vier sechssilbige Wörter, mit Nachdruck auf der drittletzten Silbe und aus zwölf bzw. dreizehn Lauten bestehend.

Wortmaterial:

12 Laute: maravillábase [maraƀiʎáƀase] (20)
13 Laute: comunicádmelo [komunikáđmelo] (54) b

(Tabelle XVIII, siehe Anhang.)

Nur im Dreizehnlautwort ist die Tonsilbe die lautreichste. Das Quantitätsgesetz trifft zu, im Durchschnitt ist der Laut der zweiten Gruppe kürzer (β q1) als der Laut der ersten (α q1). Die Lautdauer in der inneren Tonsilbe ist kürzer als in der Endsilbe.

Typus VI 5.

14, 15 **VI** 5. (4).

Vier sechssilbige Wörter, mit Akzent auf der vorletzten und aus vierzehn bzw. sechzehn Lauten bestehend.

Wortmaterial:

14 Laute: extraordinario [estraordinári̯o]
16 Laute: contraproducente [kontraprođuθénte]

(Tabelle XIX, siehe Anhang.)

Lautreichtum und Tonsilbe ergeben hier keine Ahhängigkeit.

Das Quantitätsgesetz ist ebenfalls gestört, da die Lautquantität der zweiten Gruppe größer ist als die der ersten. Hier ist nun die Möglichkeit einwandfrei gegeben, den Grund dieser Abweichung klarzulegen. Außergewöhnlich gedehnt war nämlich, wie die Kurvenausmessung ergab, der stimmlose Anlautverschluß des zweiten Wortpaares. Eine spätere Darlegung wird überhaupt den Nachweis führen, daß eine anlautende Explosiva von ganz unregelmäßiger Dauer ist. Die Streuung der Werte ist dort nämlich so groß, daß ein wirklich repräsentativer Durchschnitt gar nicht auftritt. Auch das läßt sich wieder einfach begründen: die im Anlaut stehende Explosiva — namentlich die stimmlose — wird, da sie akustisch einen Nullreiz darstellt, in ihrer Dauer nicht von den Nachbarlauten beeinflußt. Durchschnittsdauern sind aber nur dann regelmäßig, wenn sie determiniert sind durch die Nachbarlaute, die Silbe und die Lautzahl des Wortes.

Es dürfte daher niemandem einfallen können, etwa Beispiele wie das hier genannte als Gegeninstanz der Quantitätsgesetze anzuführen.

Anfangs- wie Endsilbe zeigen in den wenigen von uns geprüften Fällen eine längere Lautdurchschnittsdauer als die Tonsilbe.

Typus VI 6.

12, 14 **VI** 6. (4).

Vier endbetonte sechssilbige Wörter, die aus zwölf bzw. vierzehn Lauten bestehen.

W o r t m a t e r i a l:

12 Laute: mariposearán [mariposearán]
14 Laute: españolización [espaɲoliθaθjón]

(Tabelle XX, siehe Anhang)

Die Tonsilbe ist die lautreichste und hat zugleich als Endsilbe die relativ längste Lautdurchschnittsdauer. Das Quantitätsgesetz trifft wiederum zu, da der Wert (β q_1) kleiner ist als α q_1).

Typus VII 4.

15, 16 **VII** 4. (6).

Sechs siebensilbige, auf der vierten Silbe betonte Wörter, die fünfzehn bzw. sechzehn Laute enthalten.

W o r t m a t e r i a l:

15 Laute: maravillaronseme [maraƀiʎáronseme] (55)
16 Laute: entretuvieramelo [entretuƀjéramelo] (55)

Das zulezt genannte Beispiel tritt viermal auf.

(Tabelle XXI, siehe Anhang)

(55) Verb. fin. + Dat. + Akk.

Tonsilbe und Lautreichtum ergeben hier keine Abhängigkeit.

Das Quantitätsgesetz wird bestätigt, da der Wert (β q 1) hinter (α q 1) zurückbleibt.

Die innere Tonsilbe hat zwar eine kürzere Lautdurchschnittsdauer als die Endsilbe, aber eine längere als jede andere Silbe.

Typus VII 5.

13, 14 **VII** 5. (4).

Vier siebensilbige, auf der drittletzten Silbe betonte Wörter mit dreizehn bzw. vierzehn Lauten.

Wortmaterial:

13 Laute: maravillaríase [marabiʎaríse]

14 Laute: maravillosísimo [marabiʎosísimo]

(Tabelle XXII, siehe Anhang)

Betonung und Lautreichtum ergeben hier keine Beziehung.

Das Quantitätsgesetz stimmt: β q 1 ist kleiner als α q 1.

Die innere Tonsilbe hat eine etwas kürzere Lautdurchschnittsdauer als die erste und eine bedeutend kürzere als die letzte Silbe.

Typus VII 6.

13, 14 **VII** 6. (4).

Vier siebensilbige, auf der vorletzten Silbe betonte Wörter mit dreizehn bzw. vierzehn Lauten.

Wortmaterial:

13 Laute: mariposearían [mariposearían]

14 Laute: monopolizarían [monopoliθarían]

(Tabelle XXIII, siehe Anhang)

Akzent und Lautreichtum weisen hier ebenfalls keine Abhängigkeit auf.

Das Quantitätsgesetz trifft zu: β q 1 ist größer als α q 1.

Die Tonsilbe hat eine kürzere Lautdurchschnittsdauer als die Endsilbe.

Typus VII 7.

16, 17 **VII** 7. (2).

Zwei endbetonte Siebensilbenwörter mit sechzehn bzw. siebzehn Lauten.

Wortmaterial:

16 Laute: cosantinopolizar, [kosantinopoliθár] [1]

Versprechen statt:

17 Laute: costantinopolizar [kostantinopoliθár]

(Tabelle XXV, siehe Anhang)

Betonung und Lautreichtum lassen hier wiederum keinen Zusammenhang erkennen.

Das Quantitätsgesetz wird ebenfalls nicht bestätigt. Die Gründe hierfür werden später darzulegen sein. Auf keinen Fall kann das Resultat irgendwie gegen das Quantitätsgesetz ins Feld geführt werden.

Die Tonsilbe hat, weil sie zugleich auslautet, die längste Lautdurchschnittsdauer.

VI. Die Quantitätsgesetze.

I. Allgemeine Quantitätsgesetze:

a) des Lautes,
b) der Silbe,
c) des Wortes.

II. Spezielle Quantitätsgesetze:

a) Tonsilbe (Tonica),
b) unbetonte Anfangssilbe (Ansilbe),
c) unbetonte Endsilbe,
d) innere Schwachsilbe(n).

Um Wiederholungen zu vermeiden, seien zunächst die wichtigsten Begriffe hier eindeutig festgelegt:

„*Ansilbe*“ nennen wir die das Wort beginnende Silbe; die das Wort abschließende Silbe heißt „*Endsilbe*“. Beispiel: in cebo ist ce- Ansilbe und -bo Endsilbe.

„*Tonsilbe*“ (oder Tonica) ist diejenige, die dynamisch hervorgehoben wird, die also größere Intensität erhält (oder akzentuiert ist). Beispiel: im genannten cebo ist die Ansilbe die Tonica.

„*Innere Tonsilbe*“ heißt die Tonica, wenn sie weder An- noch Endsilbe ist. Alle unbetonten Silben bezeichnen wir als „*Schwachsilben*“, und zwar als „*vortonige Schwachsilben*“, wenn sie der Tonica vorausgehen; als „*nachtonige Schwachsilben*“, wenn sie ihr folgen. Sie sind ferner „*innere Schwachsilben*“, wenn sie zwischen Ansilbe und Tonica oder zwischen Tonica und Endsilbe stehen. Beispiel: in maravilláronseme sind maravi- die „vortonigen Schwachsilben“, davon -ravi „innere vortonige Schwachsilben“; -ronseme sind die „nachtonigen Schwachsilben“, davon wieder -ronse- „innere nachtonige Schwachsilben“. Der Begriff „unmittelbar vortonige Schwachsilbe“ bezeichnet die der Tonica als letzte vorausgehende Schwachsilbe. „Unmittelbar nachtonige Schwachsilbe“ entsprechend.

„*Worttypus*“ (oder kurz „*Typus*“) ist die Gesamtheit aller Wörter von bestimmter Silbenzahl mit der Tonsilbe an gleicher Stelle (z. B. alle *drei*silbigen *end*betonten Wörter). Die Worttypen sind *zusammengehörig*, wenn sie in der Silbenzahl, aber nicht in der Tonsilbe übereinstimmen (z. B. alle fünfsilbigen Wörter überhaupt). Die Zusammenfassung dieser zusammengehörigen Typen nennen wir „*Worttypengruppen*“ (oder „*Typengruppen*“).

I. Allgemeine Quantitätsgesetze.

a) Laut.

1. Die Durchschnittsdauer des **Lautes im Wort** wird *kleiner*, wenn die **Lautzahl** des Wortes *steigt*.

Anmerkung: Vergleicht man die hierher gehörige graphische Darstellung, Fig. V, und die entsprechende Tabelle XXV, so tritt mit Wörtern von sehr hoher Lautzahl scheinbar eine Umkehrung in der Kurvenrichtnng ein. Dies würde bedeuten, daß in diesem Falle die durchschnittliche Lautdauer wieder anstiege. Eine einwandfreie Klärung dieser Frage könnte nur eine Untersuchung mit umfangreicherem Wortmaterial liefern. Den anderen Quantitätsgesetzen würde auch hier eine stetige Tendenz zur Dauerabnahme entsprechen.

Daß in den einzelnen, hier festgestellten Quantitätsgesetzen im einzelnen Ausnahmen vorkommen, wird wohl kaum besonders merkwürdig erscheinen. Sie hängen durchweg mit der besonderen Beschaffenheit des betreffenden Wortes zusammen, (d. h. mit der Art, Zahl und Verbindung der Laute). In den Fällen, wo wir über ein größeres Wortmaterial verfügten, werden nur ganz ausnahmsweise solche Störungen oder Unregelmäßigkeiten gefunden; öfter geschieht dies dagegen in Worttypen mit sehr kleinen Versuchszahlen. Man vergesse nun nicht, daß wir, wie früher erwähnt, das ganze Wortmaterial nicht zusammenstellten, um die Dauer des Wortes oder der Silbe oder des Lautes im Verhältnis zum Wort, zur Laut- oder Silbenzahl und dergleichen zu bestimmen, sondern nur, um die Dauer der verschiedenen Laute in ihren Beziehungen zueinander (Einfluß der Lautnachbarschaft) und zur Betonung innerhalb gleichartiger Wörter zu messen.

Da aber trotz dieses offenbar ungünstig vorbereiteten Materials selbst bemerkenswerte Regelmäßigkeiten für die Wort- und Silbendauer sich zeigten, so müssen diese erst recht bei entsprechend gewähltem Wortmaterial auftreten.

Tabelle XXV. (Vgl. Fig. I im Anhang)

Anzahl der Laute im Wort:	2	3	4	5	6	7	8	9	10	11	12	13	14	15	16	17
Relative Lautdurchschnittsdauer:	1.7138	1.481	1.1502	1.0879	0.9549	0.8836	0.8409	0.8054	0.7014	0.7456	0.5795	0.5328	0.5232	0.4987	0.5195	0.6728

2. Bei Wörtern **desselben Typus**, aber von *ungleicher Lautzahl*, ist der **Laut** ebenfalls um so *kürzer*, je *größer* die **Zahl der Laute** ist. (Dies ist natürlich nur ein Spezialfall des ersten allgemeinen Quantitätsgesetzes.)

Man vergleiche in den Tabellen zu den einzelnen Worttypen die Zahlenwerte der Kolumne q_1.

Zusatz: Dieses Gesetz stimmt sogar noch (wir nehmen hier ein Resultat der später zu veröffentlichenden Untersuchungen voraus) für die Einzellaute mit Intermittenz, also für die r-Laute. Hier sind die Einzelschläge um so kürzer, je größer ihre Gesamtzahl ist.

3. Innerhalb der **Silben** eines sonst gleichen Worttypus hat die *lautreichere* auch die *kürzere* **Lautdurchschnittsdauer**. (2. Spezialfall des 1. allgemeinen Quantitätsgesetzes.)

Die entsprechenden Werte sind in den Analysen der Tabellen berücksichtigt worden.

4. Der Laut wird *kürzer* mit **steigender Silbenzah des Wortes** (**Grundgesetz der spanischen Lautquantität**). Vergleiche Fig. II im Anhang. Diese Figur gibt die relative Lautdauer in der Silbe wieder. Die relative Lautdauer im Wort — man achte auf den Unterschied — findet man in der folgenden Tabelle XXVI.

Typen	Lautdauer im Wort abs.	rel.	Typen	Lautdauer im Wort abs.	rel.
I 1.	18.543	*1.4264*	V 3.	11.1512	*0.8578*
II 1.	14.75	*1.1346*	V 4.	10.075	*0.775*
II 2.	14.86	*1.1431*	V 5.	6.996	*0.538*
III 1.	11.463	*0.8817*	VI 2.	7.6	*0.5846*
III 2.	13.07	*1.0053*	VI 3.	6.6741	*0.5134*
III 3.	11.81	*0.9084*	VI 4.	6.87	*0.5285*
IV 1.	8.6094	*0.6623*	VI 5.	7.253	*0.5579*
IV 2.	11.078	*0.8521*	VI 6.	7.3461	*0.5651*
IV 3.	11.38	*0.8754*	VII 4.	5.9553	*0.4581*
IV 4.	9.544	*0.7341*	VII 5.	6.7037	*0.5156*
V 1.	6.59	*0.5069*	VII 6.	7.3518	*0.5655*
V 2.	8.323	*0.64*	VII 7.	7.7303	*0.5946*

Dieses Gesetz gilt ausnahmslos. Es gilt übrigens auch dann, wenn man die Worttypen miteinander vergleicht, bei denen die Tonsilbe an derselben Stelle steht, wie die folgende Zusammenstellung deutlich macht:

Tabelle XXVII.

Anlauttonica:	Tonica an 2. Stelle:	Tonica an 3. Stelle:
I = 1.4264	II 2. = 1.1431	III 3. = 0.9084
II 1. = 1.1346	III 2. = 1.0053	IV 3. = 0.8754
III 1. = 0.8817	IV 2. = 0.8521	V 3. = 0.8578
IV 1. = 0.6623	V 2. = 0.64	IV 3 = 0.5134
V 1. = 0.5069	VI 2. = 0.5846	

Tonica an 4. Stelle:	Tonica an 5. Stelle:	Tonica an 6. Stelle:
IV4. = 0.7341	V5. = 0.538	VI6. = 0.5651
V4. = 0.775(!)	VI5. = 0.5579(!)	VII6. = 0.5655(!)
VI4. = 0.5285	VII4. = 0.5156	
VII4. = 0.4581		

Die wenigen Unregelmäßigkeiten sind auf das hier unzureichende Wortmaterial zurückzuführen.

5. Die durchschnittliche *Dauer des Lautes* in der **Typengruppe** wird — wie sich nach dem vorhergehenden Gesetz von selbst versteht — *kleiner,* wenn **die Silbenzahl der Worttypen wächst.** Hierzu folgende Tabelle XXVIII:

Typengruppe	Lautdauer abs.	Lautdauer rel.
I	18.543	*1.4264*
II	14.805	*1.1388*
III	12.1143	*0.93187*
IV	10.15285	*0.7809*
V	8.62704	*0.6636*
VI	7.14864	*0.54989*
VII	6.93527	*0.5335*

Man vergleiche hierzu die graphische Darstellung Fig. III im Anhang.

b) Silbe.

6. Die Durchschnittsdauer **der Silbe im allgemeinen** *nimmt ab,* wenn die **Silbenzahl** des Wortes (Worttypus) *zunimmt.*

Die betreffenden Werte sind in der Tabelle XXIX (s. Anhang) zusammengestellt. Hierzu Fig. IV im Anhang.

Es wurde der Versuch gemacht, diese Werte plastisch in einer graphischen Darstellung so zu vereinigen, daß die jeweilige Schwere, das „Gewicht", wie Franz Bopp sagte, unmittelbar anschaulich wird. Dieser Versuch wird zweifellos als geglückt bezeichnet werden können. Gewonnen wurden die „Kugeln" so, daß mit der halben relativen Zeitdauer als

Radius ein Kreis geschlagen wurde (die relative Dauer 1 entspricht 1 Zentimeter)[1]. Vgl. Figur V (s. Anhang).

7. Die Durchschnittsdauer **der Silbe** in den **Typengruppen** *nimmt ab* — dies folgt unmittelbar aus dem vorher genannten Gesetz, — wenn die **Silbenzahl** *steigt.*

Die hierher gehörigen Zahlenwerte sind ebenfalls in der Tabelle XXIX enthalten.

Die graphische Darstellung hierzu (Fig. VI im Anhang) zeigt eine geradezu phänomenale Regelmäßigkeit.

Diese Regelmäßigkeit wird besonders deutlich durch die Kugeldarstellung in Figur VII (Anhang).

8. Zu der Wiedergabe Fig. XI sei nur folgendes gesagt: Die Durchschnittsdauer der jedesmal ersten **Silbe** in den verschiedenen Typengruppen nimmt ab mit steigender Silbenzahl.

a) Dieses Gesetz der Abnahme gilt ebenfalls für die jedesmal zweite Silbe, jedesmal dritte usw. Silbe.

b) Dieses Gesetz der Abnahme ist weiter gültig, wenn man vom Wort**ende** ausgeht, d. h. für die jedesmal letzte, jedesmal vorletzte usw. Silbe.

c) Dieses Gesetz der Abnahme gilt selbst noch, wenn man die zweite Silbe der Zweisilbengruppe mit der ersten der Dreisilbengruppe, die zweite der Dreisilbengruppe mit der ersten der Viersilbengruppe, oder etwa die vierte der Fünfsilbengruppe mit der dritten der Sechssilbengruppe, diese mit der zweiten der Siebensilbengruppe vergleicht, d. h. allgemein in einer Diagonalen von oben rechts nach unten links. Weitere Regelmäßigkeiten sind so in die Augen springend, daß eine Aufzählung vollkommen überflüssig ist.

Störend bleiben einzig noch die Ansilbe in V wie die 5. und 7. in VII. Die sämtlichen übrigen Unregelmäßigkeiten sind

[1] Diese Art ist die nächstliegende und vielleicht auch die praktischste. Eine andere Darstellung könnte so vorgehen, daß man die Dauer als Inhalt des Kreises (bzw. der Kugel) ansieht und nach der bekannten Formel hieraus den Radius bestimmt.

verschwunden. Dies rührt natürlich nur daher, daß wir in dieser Darstellung der Typengruppen jeweils über ein größeres Material verfügten als in den Einzeltypen.

c) Wort.

9. Die **Wortdurchschnittsdauer** *nimmt zu* mit *steigender* **Lautzahl** des Wortes. (Da wir in den hochlautzahligen Wörtern nur über verhältnismäßig geringes, in diesem Falle zu geringes, Material verfügen, zeigen sich hier einige Unregelmäßigkeiten.

Tabelle XXX.

Lautzahl	Durchschnittsdauer des Wortes	
2	3.4277	
3	4.4426	
4	4.6012	
5	5.1951	
6	5.7259	
7	6.2094	
8	6.73372	
9	7.2499	
10	7.0141	zu wenig Beispiele!
11	8.2025	
12	6.9551	
13	6.9275	
14	7.3254	
15	7.4807	
16	8.3122	
17	11.4384	

Vgl. dazu die Darstellung Fig. VIII (s. Anhang).

10. Die **Wortdurchschnittsdauer** *nimmt zu* mit *steigender* **Silbenzahl** der Wörter (Worttypen).

Hierzu die folgende Tabelle XXXI.

Typen	Wortdauer abs.	Wortdauer rel.	Typen	Wortdauer abs.	Wortdauer rel.
I 1.	54.615	*4.2011*	V 3.	114.3	*8.7923*
II 1.	65.08	*5.0061*	V 4.	100.75	*7.75*
II 2.	74.6	*5.7385*	V 5.	87.45	*6.7269*
III 1.	71.991	*5.5377*	VI 2.	98.8	*7.6*
III 2.	83.013	*6.3856*	VI 3.	90.1	*6.9307*
III 3.	80.434	*6.1872*	VI 4.	86.125	*6.625*
IV 1.	68.8752	*5 2981*	VI 5.	108.8	*8.3692*
IV 2.	81.524	*6.2711*	VI 6.	95.5	*7.3461*
IV 3.	94.151	*7.2424*	VII 4.	93.3	*7.1769*
IV 4.	85.9	*6.6077*	VII 5.	90.5	*6.9615*
V 1.	65.9	*5.0692*	VII 6.	99.25	*7.6346*
V 2.	91.55	*7.0423*	VII 7.	127.55	*9.8115*

Diese Tabelle wird verdeutlicht durch die graphische Darstellung Fig. IX (s. Anhang), bei der wie stets die jeweilige Abscissenhöhe der relativen Wortdauer des betr. Worttypus entspricht.[1])

11. Die **Wortdurchschnittsdauer** *nimmt* — wie aus den beiden vorher genannten Gesetzen folgt — in den **Typengruppen** *steigender Silbenzahl zu.* Hierzu folgende Tabelle.

[1]) Die hier angegebenen Wortdauern wurden als Summen der die Wörter bildenden Silben berechnet. Die Werte für die letzteren waren auf der 3. oder 4. Dezimalen abgerundet. Daraus erklären sich einige unwesentliche Abweichungen von den in den Tabellen der Einzeltypen stehenden Wortdauern, die ja auf Grund der Lautsummen bzw. der Gesamtdauern berechnet sind.

Tabelle XXXII.

Typen-gruppe	Wortdauer abs.	Wortdauer rel.
I	54.615	*4.2011*
II	69.84	*5.3723*
III	78.4793	*6.0368*
IV	82.61255	*6.3548*
V	91.99	*7.0761*
VI	95.865	*7.3742*
VII	102.65	*7.8961*

Dieser Tabelle entspricht die graphische Darstellung Fig. X (s. Anhang).

Man sieht, daß die Gesetzmäßigkeiten sich um so reiner zeigen, je weiter man die Teilungsschnitte macht. In diesen Fällen werden die sonst zutage tretenden Unregelmäßigkeiten durch das größere Material beseitigt.

12. Innerhalb jeder Typengruppe wird die Wortdauer um so größer, je zentraler die Stellung der Tonica im Wort ist. (Vgl. die Reihen η p1 in den früheren Tabellen.)

Beispiele:

III 1. = 5.5377	IV 1. = 5.2981	V 1. = 5.0692
III 2. = 6.3856	IV 2. = 6.2711	V 2. = 7.0423
III 3. = 6.1872	IV 3. = 7.2124	V 3. = 8.7923
	IV 4. = 6.6077	V 4. = 7.75
		V 5. = 6.7269

Bei Typus VI treten Störungen gegen dieses Gesetz auf, weil es von einem rhythmischen Betonungsgesetz durchkreuzt wird. In VI 2. finden sich nämlich zwei nachtonige Nebendehnungen, in VI 5. zwei vortonige Nebendehnungen (vgl. die graphische Darstellung Fig. V). Für den Typus VII reicht das Material nicht aus.

Theoretisch sollten IV 2. und IV 3. gleichlange Dauern erwarten lassen. IV 3. ist aber erheblich länger. Dies bestätigt die auch sonst zu machende Beobachtung einer Dehnung zum

Wortende hin. Diese Enddehnung zeigt sich auch ausnahmslos beim Vergleich der Wortdauern anfangbetonter Wörter mit endbetonten der gleichen Silbenzahl.

II 1.	:	II 2.	=	5.0061	:	5.7385
III 1.	:	III 3.	=	5.5377	:	6.1872
IV 1.	:	IV 4.	=	5.2981	:	6.6077
V. 1.	:	V 5.	=	5.0692	:	6.7269

II. Spezielle Quantitätsgesetze.

a) Tonsilbe (Tonica).

13. Die **Tonsilbe** hat stets eine *Tendenz zur Dehnung*, sie ist aber nicht notwendig schlechthin die relativ längste Silbe überhaupt bei allen Worttypen.

Vgl. die graphische Darstellung Fig. V (Anhang).

14. Anlautende **Tonica** ist *länger* als jede *schwache Silbe des gleichen Typus.*

Vgl. die graphische Darstellung Fig. V (Anhang).

15. Betonte **Ansilbe** *nimmt ab* mit *steigender* **Gesamtsilbenzahl**:

I 1.	=	4.2011
II 1.	=	2.7101
III 1.	=	2.221
IV 1.	=	1.9192
V 1.	=	1.4057

Die anderen Beispiele fehlen. Vgl. hierzu die graphischen Darstellungen Nr. IV und V (Anhang).

16. Die *innere* **Tonsilbe** ist stets *länger* als jede andere nicht aus innerer Kraft begünstigte („stellengedehnte") Silbe. Ausnahme: VI 2.

In den Typen III 2. IV 3. V 4. VI 4. ist sie sogar länger als irgendeine Silbe überhaupt.

Vgl. die graphische Darstellung Fig. V (Anhang).

17. Die *innere* **Tonica derselben Typengruppe** nimmt zu, je größer die Zahl der **vor** der Tonica stehenden Silben wird, d. h. je näher die Tonica dem Wortende zu rückt.

IV 2. = 1.6515	V 2. = 1.4692	VI 2. = 1.0923
IV 3. = 2.2345	V 3. = 1.6471	VI 3. = 1.5711
	V 4. = 2.2217	VI 4. = 1.6596

Vgl. Fig. V und XI (Anhang).

Eine, allerdings minimale, Ausnahme bildet VI 5. = 1.6307, die sich daraus erklärt, daß der Tonica zwei nebenbetonte Silben vorausgehen. Eine weitere Ausnahme ist VII 4. = 1.6666, die anderen Werte dieser Typengruppe stimmen:

VII 5. = 1.1346
VII 6. = 1.4942

18. Die **Tonica** *derselben Typengruppe* nimmt überhaupt zu, je weiter sie an das **Ende** rückt:

II 1. = 2.7101	III 1. = 2.221	IV 1. = 1.9192(!)
II 2. = 3.4632	III 2. = 2.2775	IV 2. = 1.6515
	III 3. = 3.1258	IV 3. = 2.2345
		IV 4. = 3.0077

V 1. = 1.4057	VI 2. = 1.0923
V 2. = 1.4692	VI 3. = 1.5711
V 3. = 1.6471	VI 4. = 1.6596
V 4. = 2.2217	VI 5. = 1.6307(!)
V 5. = 2.4923	VI 6. = 2.4692

Vgl. Fig. V und XI (Anhang).

Ausnahmen sind hier IV 1. und VI 5.

19. Die nach **einer** schwachen Silbe stehende Tonica (gemeint sind natürlich die beiden Anlautsilben) nimmt ab mit steigender Gesamtsilbenzahl.

II 2. = 3.4632
III 2. = 2.2775
IV 2. = 1.6515
V 2. = 1.4692
VI 2. = 1.0923
VII 2. fehlt. Vgl. Fig. V (Anhang).

20. Die nach **zwei** schwachen Silben stehende Tonica **nimmt ab** mit steigender Gesamtsilbenzahl:

III 3. = 3.1258
IV 3. = 2.2345
V 3. = 1.6471
VI 3. = 1.5711
VII 3. fehlt. Vgl. Fig. V (Anhang).

21. Die nach **drei** schwachen Silben stehende Tonica nimmt ab, wenn die Silbenzahl steigt:

IV 4. = 3.0077
V 4. = 2.2217
VI 4. = 1.6596
VII 4. = 1.6666 (also etwas zu lang). Fig. V (Anhang).

22. Tonica an **fünfter** Stelle nimmt ab mit steigender Silbenzahl:

V 5. = 2.4923
VI 5. = 1.6307
VII 5. = 1.1346 Fig. V (Anhang).

23. Tonica an **sechster** Stelle nimmt ab mit steigender Silbenzahl:

VI 6. = 2.4692
VII 6. = 1.4942

Man vergleiche zu den Gesetzen 19—23 die graphischen Darstellungen IV und V und die Tabelle XXIX (Anhang).

24. Die **Dehnung** der **Endtonica** ist *größer* als diejenige in der **Anfangstonica.**

Man vergleiche die entsprechenden Silben in den Worttypen:

Endtonica:	II 2. = 3.4632,	III 3. = 3.1258,	IV 4. = 3.0077,	V 5. = 2.4923
Anfangstonica:	II 1. = 2.7101,	III 1. = 2.221,	IV 1. = 1.9192,	V 1. = 1.4057

25. Die **betonte Endsilbe** nimmt ab mit steigender Gesamtsilbenzahl:

I 1. = 4.2011
II 2. = 3.4632
III 3. = 3.1258
IV 4. = 3.0077
V 5. = 2.4923
VI 6. = 2.4692

Eine Ausnahme bildet VII 7. = 3.4192. Ist das nicht einfach dadurch zufällig bedingt, daß die untersuchten Beispiele zu gering sind, so würde es andeuten, daß hier ein weiterer Dehnungsfaktor wirksam geworden ist. Wie wir auch sonst feststellen können, scheinen lange Wörter zum Daueranstieg der Silben gegen das Ende hin zu neigen.[1])

Vgl. hierzu die graphische Darstellung Fig. V (Anhang).

26. Die **betonte Endsilbe** ist bei weitem die *längste* **Silbe** in der jeweiligen Worttypengruppe.

Wir verweisen auf die graphischen Darstellungen Nr. IV und Nr. V (Anhang).

b) unbetonte Anfangsilbe (Ansilbe).

27. Die **unbetonte Ansilbe** *nimmt ab*, wenn ihr die Tonica unmittelbar folgt, und zwar um so mehr, je größer die Silbenzahl des Wortes selbst wird:

II 2. = 2.2754
III 2. = 1.9274
IV 2. = 1.4684
V 2. = 1.3961

Eine Ausnahme bildet VI 2. mit 1.5231, vielleicht wegen der ungenügenden Zahl von Belegen.

[1]) Diese Tendenz zur progressiven Dehnung wird zwar bei langen Wörtern am leichtesten erkennbar und ist auch dort am stärksten wirksam. Es läßt sich aber vermuten, daß die Dehnung zum Ende hin eine ganz allgemeine Tendenz darstellt. Somit wäre das hier genannte Gesetz nur ein Sonderfall eines umfassenderen Quantitätsgesetzes.

28. Die **unbetonte Anlautsilbe** in Wörtern mit Tonica an **3.** Stelle nimmt ab mit steigender Silbenzahl:

III 3. = 1.6345
IV 3. = 1.6305
VI 3. = 1.2173

Ausnahme: das auch sonst unregelmäßige V 3. = 2.4307.

29. Die **unbetonte Ansilbe** in Wörtern mit Tonica an **4.** Stelle nimmt ab mit steigender Silbenzahl:

IV 4. = 1.1231
V 4. = 1.0577
VI 4. = 1.0269
VII 4. = 0.9551

Ausnahmslos.

30. Die **unbetonte Ansilbe** in Wörtern mit Tonica an **5.** Stelle nimmt ab mit steigender Silbenzahl:

V 5. = 1.4057
VII 5. = 1.21154

Ausnahme: VI 5. = 1.8269.

31. **Unbetonte Ansilbe** mit Tonica an **6.** Stelle nimmt ab mit steigender Silbenzahl:

VI 6. = 1.35
VII 6. = 1.0481

32. Die **unbetonte Ansilbe** in Wörtern mit **betonter Endsilbe** nimmt ab mit steigender Silbenzahl:

I 1. = 4.2011
II 2. = 2.2754
III 3. = 1.6345
IV 4. = 1.1231 (!)
V 5. = 1.4057
VI 6. = 1.35
VII 7. = 2.45 (!)

Ausnahmen IV 4. und die auch sonst als zu lang festzustellende Ansilbe von VII 7.

33. Die **unbetonte Anlautsilbe** in Wörtern mit **betonter vorletzter** Silbe nimmt ab mit steigender Silbenzahl:

II 1. = 2.7101
III 2. = 1.9274
IV 3. = 1.6305
V 4. = 1.0577
VII 6. = 1.0481

Einzige Ausnahme das auch sonst zu lange VI 5. = 1.8269.

34. Die **unbetonte Ansilbe** in Wörtern mit Tonica an **drittletzter** Stelle nimmt ab mit steigender Silbenzahl:

III 1. = 2.221
IV 2. = 1.4684
V 3. = 2.4307 (!)
VI 4. = 1.0269 (!)
VII 5. = 1.2154 (!)

Davon ist V 3. auch sonst zu lang, VI 4. ist zu kurz, VII 5. zu lang.

35. Die **unbetonte Ansilbe** in Wörtern mit Tonica an **viertletzter** Stelle nimmt ab mit steigender Silbenzahl:

IV 1. = 1.9192
V 2. = 1.3961
VI 3. = 1.2173
VII 4. = 0.9553

Ohne Ausnahme.

36. Anzunehmen ist, daß ebenfalls in Wörtern mit Tonica an fünftletzter Stelle die Ansilbe mit steigender Silbenzahl abnimmt. Aber unser Beispiel zeigt gerade hier eine Ausnahme.

V 1. = 1.4057
VI 2. = 1.5231 (diese auch sonst zu lang).

c) Unbetonte Endsilbe.

37. Die **unbetonte Endsilbe** eines **Worttypus** ist stets länger als die unbetonte Ansilbe jedes vorhergehenden Worttypus derselben Typengruppe.

Z. B. ist die Endsilbe in IV 3. = 2.0209 länger als die Ansilbe in IV 2. = 1.4684
„ „ V 3. = 1.9173 länger als die Ansilbe in V 2. = 1.3961

Ausnahmen: V 3. und VI 2. (vgl. S. 83 Nr. 40.)

38. Die **unbetonte Endsilbe** ist stets *länger* als jede andere nachtonige Schwachsilbe des gleichen Worttypus.

Zu diesem ausnahmslos geltenden Gesetz vgl. die graphische Darstellung Fig. Nr. V.

39. Die **Endsilbe** des vorletzten Typus einer Typengruppe ist stets länger als die Ansilbe des vorletzten Typus jeder vorhergehenden Typengruppe.

Vgl. die graphischen Darstellungen Fig. Nr. IV und V und die Tabelle XXIX.

Vergleicht man also in der Pfeilrichtung:

Typengruppe IV:			(IV 1.)	IV 2.	IV 3.	(IV 4.)
				↓	↓	
„ V:		(V 1.)	V 2.	V 3.	V 4.	(V 5.)
			↓	↓	↓	
„ VI:	(VI 1.)	VI 2.	VI 3.	VI 4.	VI 5.	(VI 6.)

(Die eingeklammerten Zahlen rechnen nicht mit, da sie an- oder auslautende Tonica haben.),

dann ist die Endsilbe von V 4. = 1.6948 länger als die Ansilbe von IV 3. = 1.6305 u. IV 2. = 1.4684,
„ „ von VI 5. = 1.8865 länger als die Ansilbe von V 4. = 1.0577,
„ „ von VI 4. = 3.0077 länger als die Ansilbe von V 3. = 2.4307 u. V 2. = 1.3961.

Ausnahmen: es sind dieselben, die auch bei den anderen Gesetzen auftreten, also: Ansilbe von V 3. (vgl. 37, 40 und 47) und V 2. (vgl. 48), Endsilbe von VI 3. und Ansilbe von VI 5.

40. Die **Endsilbe** in Wörtern derselben Typengruppe nimmt zu, je näher die Tonica an das Wortende rückt.

III 1. = 1.9341	IV 1. = 1.4461	V 1. = 1.2769
III 2. = 2.1807	IV 2. = 1.8539	V 2. = 1.4846
	IV 3. = 2.0209	V 3. = 1.9173 (auch sonst zu lang)
		V 4. = 1.6948

VI 2. = 1.423 (zu lang!)	VII 4. = 1.3243
VI 3. = 1.2711	VII 5. = 1.6
VI 4. = 1.4846	VII 6. = 1.6519.
VI 5. = 1.8865	

41. **Unbetonte Endsilbe** in Wörtern mit *betonter Ansilbe* nimmt ab mit steigender Anzahl der dazwischen liegenden Unbetonten:

II 1. = 2.2964
III 1. = 1.9341
IV 1. = 1.4461
V 1. = 1.2769

Vgl. die graphische Darstellung Fig. V.

42. **Unbetonte Endsilbe** der Wörter mit *Tonica an 2. Stelle* nimmt ab mit steigender Anzahl der vor ihr stehenden inneren Schwachsilben.

III 2. = 2.1807
IV 2. = 1.8539
V 2. = 1.4846
VI 2. = 1.4231
VII 2. fehlt.

43. **Unbetonte Endsilbe** der Wörter mit *Tonica an 3. Stelle* nimmt ab mit steigender Silbenzahl:

IV 3. = 2.0209
V 3. = 1.9173
VI 3. = 1.2711.

44. **Unbetonte Endsilbe** der Wörter mit *Tonica an 4. Stelle* nimmt ab mit steigender Silbenzahl:

V 4. = 1.6948
VI 4. = 1.4846
VII 4. = 1.3243.

45. **Unbetonte Endsilbe** der Wörter mit *Tonica an 5. Stelle* nimmt ab mit steigender Silbenzahl:

VI 5. = 1.8865
VII 5. = 1.6.

46. **Unbetonte Endsilbe** der Wörter mit *Tonica an vorletzter Stelle* nimmt ab mit steigender Zahl der vortonigen Silben:

II 1. = 2.2964
III 2. = 2.1807
IV 3. = 2.0209
V 4. = 1.6948
VI 5. = 1.8865 (!)
VII 6. = 1.6519

Die Ausnahme in VI 5. erklärt sich aus der zu geringen Zahl von Belegen.

47. **Unbetonte Endsilbe** der Wörter mit *Tonica an drittletzter Stelle* nimmt ab mit steigender Silbenzahl:

III 1. = 1.9341
IV 2. = 1.8539
V 3. = 1.9173 (!)
VI 4. = 1.4846
VII 5. = 1.6 (!)

Die beiden Ausnahmen sind auch bei den anderen Gesetzen als Störungen festzustellen.

48. **Unbetonte Endsilbe** der Wörter mit *Tonica an viertletzter Stelle* nimmt ab mit steigender Silbenzahl:

IV 1. = 1.4461
V 2. = 1.4846 (! Auch sonst unregelmäßig.)
VI 3. = 1.2711
VII 4. = 1.3243 (zu lang).

49. **Unbetonte Endsilbe** der Wörter mit *Tonica an fünftletzter Stelle* sollte ebenfalls mit steigender Silbenzahl abnehmen; unsere Beispiele zeigen hier allerdings eine Unregelmäßigkeit, da die Endsilbe von VI 2. = 1.4231 länger ist als die von V 1. = 1,2769.

50. Die **schwache Endsilbe** zeigt durchweg eine *stärkere Dehnungstendenz* als die **schwache Ansilbe** desselben Wortes oder desselben Worttypus.

Endsilbe:	II 1. = 2.2964	III 1. = 1.9341	III 2. = 2.1807
Ansilbe:	II 2. = 2,2754	III 3. = 1.6345	III 2. = 1.9274
Endsilbe:			IV 1. = 1.4461
Ansilbe:			IV 4. = 1.1231
Endsilbe:	IV 2. = 1.8539	IV 3. = 2.0209	IV 2. = 1,8539
Ansilbe:	IV 2. = 1.4684	IV 3. = 1.6305	IV 3. = 1.6305
Endsilbe:	V 2. = 1.4846	V 4. = 1.6948	VI 3. = 1.2711
Ansilbe:	V 2. = 1.3961	V 4. = 1.0577	VI 3. = 1.2173
Endsilbe:	VI 4. = 1.4846	VI 5. = 1.8865	VII 4. = 1.3243
Ansilbe:	VI 4. = 1.0269	VI 5. = 1.8269	VII 4. = 0.9551
Endsilbe:	VII 5. = 1.6	VII 6. = 1.6519	
Ansilbe:	VII 5. = 1.2154	VII 6. = 1.0481.	

d) Innere Schwachsilbe.

51. Die **inneren unbetonten Silben** unmittelbar *vor* oder *nach* der hauptbetonten Silbe sind in jedem Falle *kürzer als die Tonica* selbst.

Wir verweisen auf die graphische Darstellung in Fig. V.

Ausnahme: VI 2., wo die 3. Silbe zu lang oder die Tonica zu kurz ist.

52. **Unmittelbar** *vortonige innere Schwachsilben* sind stets kürzer als die Ansilbe desselben Wortes.

Man vergleiche die graphische Darstellung in Fig. V.

Ausnahmen:

IV 4., wo die 3. Silbe zu lang oder die 1. zu kurz ist;
V 4., " " 3. " " " " " 1. " " "
VII 6., " " 5. " " " " " 1. " " "

53. Die **unmittelbar** *nachtonige* **Silbe** ist kürzer als jede andere **nachtonige.** (Vgl. Fig. V).

Ausnahmen: V 1., wo die 4. Silbe zu kurz ist, und VI 2., wo die 3. zu lang oder die 5. zu kurz ist.

Es ist stark zu vermuten, daß die erste von zwei nachtonigen Silben durch die vorhergehende Tonica, nicht aber durch die folgende nebenbetonte Silbe verkürzt wird. Dies würde vielleicht auch andere, weiter unten folgende Beobachtungen erklären können.

54. Stehen *hinter* der Tonica noch **3 Schwachsilben,** so nehmen diese regelmäßig zu. (Man vergleiche die Worttypen IV 1., V 2., VI 3. und VII 4. in Fig. V).

Diese Regel gilt, worauf besonders zu achten ist, nur für 3 unbetonte, nicht aber für 4 und mehr; denn: treten hinter die Tonica 4 oder mehr Silben zusammen, so muß wenigstens eine davon — die übrigens niemals die unmittelbar nachtonige sein kann (vgl. Nr. 53) — eine Dehnung erhalten (sekundäre Dehnung, Nebendehnung). Diese Nebendehnung hängt vielleicht ab von einem Nebenakzent. Aber auch wenn kein Nebenakzent vorhanden wäre — ein Problem, das in diesen Untersuchungen vorläufig nicht zu erörtern ist —, so würde die Tatsache der Dehnung an sich schon hinreichen, um den spezifischen Rhythmus dieser Wörter zu erklären.

Beispiele: V 1. und VI 2. (Fig. V).

55. Sieht man von der eben genannten Nebendehnung ab, so ergibt sich im allgemeinen ein **Längerwerden der nachtonigen Silben** 1. je näher sie dem Wortende zu rücken und 2. je kleiner die Zahl der nachtonigen Schwachsilben ist.

Man vergleiche die Reihen II 1. — III 1. — IV 1. — V 1.
III 2. — IV 2. — V 2. — VI 2.
IV 3. — V 3. — VI 3.
V 4. — VI 4. — VII 4. (hier ist die vorletzte wohl etwas zu lang).

Endlich 3. je weniger Silben das Wort enthält:
Vergleiche: III 1. — IV 2. — V 3. (Ausnahme) — VI 4. — VII 5. (hier ist die Endsilbe zu lang.)
V 2. — VI 3. — VII 4. (hier ist die Endsilbe ebenfalls zu lang.)

56. Das in 55 Gesagte trifft auch zu für die vortonigen Silben von VI 5., nicht aber für V 5. VI 6. VII 5. VII 6. VII 7. Die in den zuletzt genannten Fällen festzustellende regelmäßige Dauerzunahme ist aus der dem Spanischen eigenen Tendenz zu erklären, bei langen Wörtern möglichst schnell die Tonica zu erreichen.

Anmerkung: Durchweg lassen die vortonigen Silben überhaupt eine typische Regelmäßigkeit in der Quantitätsfolge vermissen [vgl. Fig. V]; sie zeigen nämlich entweder: 1. Fallen vom Beginn bis zur Tonica in III 3. IV 3. V 3. VI 3. und VI 4.; 2. Fallen und Wachsen in V 5. VI 6. VII 4. VII 5. VII 6. und VII 7.; 3. Wachsen und Fallen nur in IV 4.; 4. Steigen von Beginn ab nur in V 4. Vielleicht liegen aber hier Störungen zufälliger Art vor.

Die unter Nr. 2 der Anmerkung genannte Folge von Fallen und Wachsen hat wieder zwei typisch verschiedene Unterarten, nämlich: a) Fallen nur zwischen Ansilbe und zweiter Schwachsilbe, so in VI 6. VII 4. VII 5. und VII 6. b) Fallen bis zur Tonica, so in V 5. und VII 7.

---

57. Die **Summe der Vortonigen** in Worttypen mit Tonica an 3. Stelle **nimmt ab mit steigender Silbenzahl**:

III 3. = 3.0614
IV 3. = 2.9863
V 3. = 3.8335 (auch sonst unregelmäßig!)
VI 3. = 2.1184

Vgl. Fig. XI.

58. Die **Summe der Vortonigen** in Worttypen mit Tonica an 4. Stelle **nimmt ab mit steigender Silbenzahl**:

IV 4. = 3.6
V 4. = 3.8345 (unregelmäßig)
VI 4. = 2.6324
VII 4. = 2.5184
Vgl. Fig. XI.

59. Die **Summe der Vortonigen** in Worttypen mit Tonica an 5. Stelle nimmt ab mit steigender Silbenzahl:

V 5. = 4.2346
VI 5. = 4.852 (unregelmäßig, wie auch sonst)
VII 5. = 3.4789
Vgl. Fig. XI.

60. Die **Summe der Vortonigen** in Worttypen mit Tonica an 6. Stelle **nimmt ab mit steigender Silbenzahl**:

VI 6. = 4.8769
VII 6. = 4.4885
Vgl. Fig. XI.

61. Wie verhalten sich **die Summen der vortonigen Silben** innerhalb der Typengruppe? (vgl. Fig. XI).

III III 2. = 1.9274
III 3. = 3.0614

IV IV 2. = 1.4684
IV 3. = 2.9863
IV 4. = 3.6

V V 2. = 1.3961
V 3. = 3.8335 (zu lang!)
V 4. = 3.8345
V 5. = 4.2346

VI VI 2. = 1.5231
VI 3. = 2.1184
VI 4. = 2.6324
VI 5. = 4.852 (zu lang!)
VI 6. = 4.8769

VII VII 4. = 2.5184
VII 5. = 3.4789
VII 6. = 4.4885
VII 7. = 6.3923 (zu lang!)

Ergebnis: Die Summen der vortonigen Silben steigen (natürlich!) mit der wachsenden Zahl dieser Silben. *Diese Zunahme vermindert sich aber relativ mit dem Steigen der Silbenzahl selbst.*

62. Wie verhalten sich **die Summen der nachtonigen Silben** innerhalb der Typengruppe? (Fig. XI).

III	III 1. = 3.3167	**VI**	VI 2. = 4.9846
	III 2. = 2.1807		VI 3. = 3.1711
			VI 4. = 2.3249
IV	IV 1. = 3.3788		VI 5. = 1.8865
	IV 2. = 3.1511		
	IV 3. = 2.0209	**VII**	VII 4. = 2.9909
			VII 5. = 2.3461
V	V 1. = 3.6635		VII 6. = 1.6519
	V 2. = 4.2346 (zu lang!)		
	V 3. = 3.3115		
	V 4. = 1.6948		

Ergebnis: Die Summen der nachtonigen Silben nehmen (erwartungsgemäß!) ab mit der kleiner werdenden Zahl der nachtonigen Silben. *Dieses Abnehmen ist aber um so größer, je kleiner die Anzahl der nachtonigen Silben selber wird.*

63. Wie verhalten sich die vortonigen zu den nachtonigen Silben in der Typengruppe? (Vgl. die beiden vorhergehenden Paragraphen.) Allgemein steigen, wie gesagt, die vortonigen und fallen die nachtonigen; aber die kürzeste Gesamtdauer der Vortonigen + Tonica ist in jedem Falle kleiner als die geringste Gesamtdauer von Tonica + Nachtonigen (vgl. Fig. XI).

(Man vergesse bei der scheinbaren Ausnahme in der Gruppe VII nicht, daß die Typen VII 1.—VII 3. fehlen, mithin also auch hier der vergleichbare Ausgangspunkt wegfällt.)

64. Rechnet man jedesmal den Summen der vortonigen wie der nachtonigen Silben die Tonica hinzu, so zeigt die Gesamtdauer „Vortonige + Tonica“ regelmäßiges Wachsen mit steigender Silbenzahl; die Gesamtdauer „Tonica + Nachtonige“ zeigt dagegen regelmäßiges Fallen mit steigender Silbenzahl (vgl. Fig. XI).

Zusatz: In den zahlreichen, nach den verschiedensten Gesichtspunkten kombinierten Tabellen traten nicht wenige „Störungen“ oder „Unregelmäßigkeiten“ auf. Störungsstellen sind aber durchweg stets die gleichen Zahlenwerte; denn die verschiedenartigsten Gesetze treffen im allgemeinen auf Unregelmäßigkeiten an der nämlichen Stelle. Dies beweist nun, daß es sich hierbei nur um zufällige Störungen handeln kann, d. h. entweder wegen der Zusammensetzung der betreffenden Silbe oder auch durch eine ungewöhnliche (vielleicht sogar minder korrekte) Aussprache im einzelnen Falle.

Nachdrücklich sei aber bemerkt, daß wir derartige Unregelmäßigkeiten nur in den Typen oder Typengruppen feststellen, bei denen wir über ein zu kleines Material verfügten.

Immerhin sind es Störungen (Schönheitsfehler), die die Reinheit und Durchsichtigkeit gewisser Ableitungen in etwa beeinträchtigen. Da es sich nun offenbar um reine Zufälle, nicht aber um allgemein und objektiv bedingte Tatsachen überhaupt handelt, mag man den Versuch wagen können, durch Vergleich der einzelnen Gesetze, die durch denselben Silbenwert gestört sind, die aus dem geringen vorliegenden Material errechnete Zahl zu korrigieren, um auf diese Weise Idealwerte zu erhalten, die den eigentlich innersten sprachlichen Vorgängen erst wirklich entsprechen; d. h. „reine phonische Quantitätsgesetze" sind.

Dies sei an zwei Beispielen klargemacht!

Die Ansilbe von V 3. stört jedesmal die Gesetze 4, 7, 27. Ihre festgestellte Dauer (= 2.4307) ist zu groß; denn nach 27 müßte sie zwischen den Werten 1.6305 und 1.2173 liegen, nach 7 sogar zwischen 1.3961 und 1.0577. Die richtige Dauer wäre danach mit etwa 1.3 anzusetzen.

Die dritte Silbe von VI 2. (= 1.2423) ist ebenfalls zu lang, wie aus 50 und 55 hervorgeht. Sie müßte unter 1.0923 (der Tonica) liegen, falls diese nicht zu kurz ist, anderseits müßte sie kürzer als 1.3923 — 0.9269 — 1.4231 sein. Davon ist die vorletzte selbst allerdings etwas zu kurz. Die richtige Dauer der hier in Betracht kommenden Silbe beträgt ungefähr 1.

Die anderen Fälle liegen ähnlich: durch systematische Zusammenstellung sämtlicher „Regelverstöße" kreist man den offenbar fehlerhaften Wert ein und errechnet unter Berücksichtigung aller Einzelheiten seine „wahre Größe". Daß man dies natürlich nur versuchen darf mit Rücksicht auf eine „ideale" Typisierung, ist selbstverständlich. An den festgestellten Werten wird nicht das geringste verändert werden dürfen; man hat sie eben weiter als Störungen anzusehen. Solche Unregelmäßigkeiten treten aber, wie gesagt, nur in den schwach vertretenen Worttypen auf. Eine neuere Bearbeitung des Problems wird sich dies zunutze machen und das Wortmaterial unter einem Gesichtspunkt auswählen, der zunächst nicht der unsrige war.

Die bisher festgestellten Regelmäßigkeiten gelten vorläufig nur für das Spanische. Ob sie für eine andere Sprache, ob einzelne davon sogar für jede Sprache Gültigkeit haben, werden andere Untersuchungen zu entscheiden haben.

VII. Schluß.

Die rechnerische Bearbeitung unseres umfangreichen Materials ließ uns quantitative Struktureigenheiten des Spanischen erkennen, die nur einer experimentellen Untersuchung zugänglich sind. Diese Erscheinungen werden in den Durchschnittsberechnungen so deutlich, daß wir sie als „Quantitätsgesetze“ bezeichnen dürfen. Die Benennung „Lautgesetze“ lehnen wir hierfür ab, weil es sich nicht um Feststellungen des Lautwandels handelt, sondern um im Sprechen selbst begründete Tatsachen.

Wir fanden, daß allgemein ein Laut um so kürzer ist, je länger das Wort ist oder je mehr Silben das Wort hat, zu dem er gehört. Diese Feststellung erhält die Bezeichnung: **phonisches Quantitätsgesetz.** Diesem 1. allgemeinen Gesetz treten zwei weitere phonische Quantitätsgesetze an die Seite, nämlich 1. die Feststellung, daß das Quantitätsgesetz ebenfalls Geltung hat im einzelnen Worttypus, d. h. steigt die Lautzahl in Wörtern gleicher Silbenzahl, so nimmt die Dauer des Lautes ab; 2. die Feststellung, daß das Quantitätsgesetz ebenfalls gilt für die Silbe, d. h. innerhalb jedes beliebigen Wortes oder Worttypus ist die lautreichere Silbe auch die relativ kürzere.

Die Tatsachen sind einleuchtend und überzeugend; am Bestehen der phonischen Relativitätsgesetze ist ein Zweifel nicht möglich. Wieweit diese Gesetze nun für andere Sprachen Gültigkeit haben außer dem Spanischen, ist weiter zu untersuchen. Vorauszusehen ist, daß sie für die germanischen Sprachen eine Abänderung erfahren. Aber auch da werden sie innerhalb bestimmter Grenzen Geltung haben. Jedenfalls aber *sind* irgendwelche Gesetze — gleichgültig wie sie sein mögen — wirksam.

Es fragt sich nun, wie man das 1. allgemeine Gesetz selber, das ja das wichtigste und wesentlichste ist, begründen und erklären will. Das kann nur psychologisch geschehen. Es handelt sich bei jedem Wort um ein „Strukturganzes“, eine „Struktureinheit“, d. h. um eine motorisch-akustische Sukzessiveinheit, die durch die Wortbedeutung verbunden und von Anfang an „da“ ist.[1]) Ein Wort wird als „Ganzes“, als einheitlicher „Komplex“ gesprochen, der silbisch zerlegt wird.[2]) Die Impulsfolge ist eben durch das Wort als solches bestimmt und wegen der großen Geläufigkeit im Ablauf der Bewegungsfolge durchaus unanschaulich gegeben.

Das phonische Quantitätsgesetz ist nun eine Folge dieses Tatbestandes; die Sukzessiveinheit wird allein gewahrt, wenn die Dauer des Einzellauts nur so lang ist, daß die Einheit „übersehbar“ [3]) bleibt. Sie wird dies aber nur dann, wenn der Zunahme der Elemente eine entsprechende Abnahme in der Dauer des Einzellauts parallel geht.

Es bleibt noch die Frage offen, ob diese Abnahme Vokale

---

[1]) In Betracht kommt hier nur das gesprochene Wort. Das als Simultaneinheit auftretende gelesene Wort mag unberücksichtigt bleiben. Ein Vergleich mit dem geschriebenen Wort läge schon näher. Erfahrungen über „Verschreiben“ machen deutlich, daß die motorische Folge von Beginn an als Ganzes gewollt ist. Aber auch auf diese Erörterungen sei an dieser Stelle verzichtet.

[2]) Auf diesen experimentell nachweisbaren Tatbestand werden wir in der Spezialuntersuchung über die „Silbe“ zurückkommen.

[3]) Daß es sich hier um eine Metapher handelt, braucht wohl kaum hervorgehoben zu werden. Die psychologische Strukturforschung verfügt aber bisher nicht über Begriffe und Bezeichnungen, die wir mit Nutzen verwenden könnten.

und Konsonanten gleichmäßig, sozusagen schematisch trifft oder nicht.

Dieses Problem wird in der zweiten Abhandlung dieser „Untersuchungen“ zu behandeln sein.

Würde man nun systematisch die in den einzelnen Sprachen sich äußernden Eigenarten, Strebungen, Neigungen und Abneigungen, Intendierungen sammeln [1]), so würde zwar jede Einzelsprache ein individuelles Charakterbild ergeben — wir wollen es als phonetisches „Profil“ eines Idioms bezeichnen —, anderseits aber würden Berührungen, d. h. partielle Übereinstimmungen unter den Einzelsprachen hervortreten, und zwar auch zwischen solchen, die verschiedenen Sprachfamilien angehören. Daß z. B. die germanischen oder die romanischen Sprachen unter sich artikulatorisch jeweils gewisse Übereinstimmungen aufweisen, mag als sicher gelten. Anderseits zeigen sie untereinander namentlich erhebliche Differenzen dynamischer und melodischer Art (z. B. Deutsch, Schwedisch). Berufeneren sei es überlassen, die Richtigkeit dieser Vermutungen zu prüfen und dabei evtl. den Begriff des „Profils“ über die rein phonetische Seite hinaus zu erweitern.

[1]) Solche Eigenarten bestehen z. B. in der Muskelspannung, Lautfolge, den Vokal- und Konsonantengruppen, dem Ton-An- und -Absatz, der Lautdehnung, Silbenbildung, der dynamischen, melodischen, quantitierenden Akzentuierung, der Sprechmelodie, der Assimilationsrichtung, Nasalierung usw.

Geschichte der spanischen Literatur

von

PHILIPP AUGUST BECKER

Oktav. VII, 151 Seiten. Geh. *M* 2. —, geb. *M* 3.—.

Grammatik der romanischen Sprachen

von

FRIEDRICH DIEZ

Drei Teile in einem Bande. 5. Auflage, 2. Ausgabe.
Groß-Oktav. XIX, 1134 Seiten. Geh. *M* 35.—.
Anhang: Romanische Wortschöpfung. Groß-Oktav. *M* 3.—.

Etymologisches Wörterbuch der romanischen Sprachen

von

FRIEDRICH DIEZ

5. Ausgabe mit einem Anhang von August Scheler.
Groß-Oktav. XXVI, 1866 Seiten. Geh. *M* 27.—.
Anhang von A. Scheler. Groß-Oktav. *M* 3.75.

Romanische Sprachwissenschaft

von

ADOLF ZAUNER

I. Teil: Lautlehre und Wortlehre. Vierte, verbesserte Auflage. 160 Seiten. 1921. (Sammlung Göschen Bd. 128.) Geb. *M* 1.50.

II. Teil: Wortlehre II und Syntax. Vierte verbesserte Auflage. 156 Seiten. 1925. (Sammlung Göschen Bd. 250.) Geb. *M* 1.50.

Tabelle II. (Zu Seite 51 f.)

3, 4, 5, 6, 7 **II** 1. (372)

	Anzahl der Laute pro Wort	Anzahl der Silben	Anzahl der Wörter	Lautsumme Wörter	Lautsumme 1. Silben	Lautsumme 2. Silben	Zeitsumme der Laute Wörter	Zeitsumme der Laute 1. Silben	Zeitsumme der Laute 2. Silben	Durchschnittsdauer der Wörter abs.	Durchschnittsdauer der Wörter rel.	Durchschnittsdauer der Laute Wort abs.	Durchschnittsdauer der Laute Wort rel.	Durchschnittsdauer der Laute 1. Silbe abs.	Durchschnittsdauer der Laute 1. Silbe rel.	Durchschnittsdauer der Laute 2. Silbe abs.	Durchschnittsdauer der Laute 2. Silbe rel.
α	**3**	66	33	99	56	43	2041,5 $\frac{sec}{100}$	1037,4 $\frac{sec}{100}$	1004,1 $\frac{sec}{100}$	61,8636 $\frac{sec}{100}$	*4,7587*	20,63 $\frac{sec}{100}$	*1,5869*	18,52 $\frac{sec}{100}$	*1,4246*	23,37 $\frac{sec}{100}$	*1,7977*
β	**4**	366	183	732	363	369	11552,5 $\frac{sec}{100}$	6104,3 $\frac{sec}{100}$	5448,2 $\frac{sec}{100}$	63,1284 $\frac{sec}{100}$	*4,856*	15,78 $\frac{sec}{100}$	*1,2138*	16,816 $\frac{sec}{100}$	*1,2935*	14,76 $\frac{sec}{100}$	*1,1354*
γ	**5**	258	129	645	364	281	8767,3 $\frac{sec}{100}$	4987,9 $\frac{sec}{100}$	3779,4 $\frac{sec}{100}$	67,9635 $\frac{sec}{100}$	*5,2279*	13,6 $\frac{sec}{100}$	*1,0461*	13,7 $\frac{sec}{100}$	*1,0538*	13,4 $\frac{sec}{100}$	*1,0307*
δ	**6**	48	24	144	83	61	1611,7 $\frac{sec}{100}$	894,6 $\frac{sec}{100}$	717,1 $\frac{sec}{100}$	67,1542 $\frac{sec}{100}$	*5,1657*	11,19 $\frac{sec}{100}$	*0,8607*	10,66 $\frac{sec}{100}$	*0,82*	11,76 $\frac{sec}{100}$	*0,9046*
ε	**7**	6	3	21	9	12	238,5 $\frac{sec}{100}$	81,7 $\frac{sec}{100}$	156,8 $\frac{sec}{100}$	79,5 $\frac{sec}{100}$	*6,1154*	11,4 $\frac{sec}{100}$	*0,8769*	9,07 $\frac{sec}{100}$	*0,6976*	13,07 $\frac{sec}{100}$	*1,0054*
ζ		744		1641	875	766	24211,5 $\frac{sec}{100}$	13105,9 $\frac{sec}{100}$	11105,6 $\frac{sec}{100}$					14,98 $\frac{sec}{100}$	*1,1523*	14,49 $\frac{sec}{100}$	*1,1146*
η			372		1641			24211,5 $\frac{sec}{100}$		65,08 $\frac{sec}{100}$	*5,0061*	14,75 $\frac{sec}{100}$	*1,1346*				
	A	B	C	D	a	b	h	i	j	p	p_1	q	q_1	r	r_1	s	s_1

Tabelle III. (Zu Seite 54 f.)

3, 4, 5, 6, 7 **II** 2. (188)

	Anzahl der Laute pro Wort	Anzahl der Silben	Anzahl der Wörter	Lautsumme Wörter	Lautsumme 1. Silben	Lautsumme 2. Silben	Zeitsumme der Laute Wörter	Zeitsumme der Laute 1. Silben	Zeitsumme der Laute 2. Silben	Durchschnittsdauer der Wörter abs.	Durchschnittsdauer der Wörter rel.	Durchschnittsdauer der Laute Wort abs.	Durchschnittsdauer der Laute Wort rel.	Durchschnittsdauer der Laute 1. Silbe abs.	Durchschnittsdauer der Laute 1. Silbe rel.	Durchschnittsdauer der Laute 2. Silbe abs.	Durchschnittsdauer der Laute 2. Silbe rel.
α	**3**	16	8	24	8	16	437,6 $\frac{sec}{100}$	155,8 $\frac{sec}{100}$	281,8 $\frac{sec}{100}$	54,7 $\frac{sec}{100}$	*4,2076*	18,23 $\frac{sec}{100}$	*1,4023*	19,5 $\frac{sec}{100}$	*1,5*	17,6 $\frac{sec}{100}$	*1,3538*
β	**4**	78	39	156	44	112	2474,3 $\frac{sec}{100}$	722,2 $\frac{sec}{100}$	1752,1 $\frac{sec}{100}$	63,44 $\frac{sec}{100}$	*4,88*	15,86 $\frac{sec}{100}$	*1,22*	16,41 $\frac{sec}{100}$	*1,2623*	15,64 $\frac{sec}{100}$	*1,2031*
γ	**5**	174	87	435	174	261	6695,4 $\frac{sec}{100}$	2727,9 $\frac{sec}{100}$	3967,5 $\frac{sec}{100}$	76,95 $\frac{sec}{100}$	*5,9192*	15,39 $\frac{sec}{100}$	*1,1838*	15,67 $\frac{sec}{100}$	*1,2053*	15,2 $\frac{sec}{100}$	*1,1692*
δ	**6**	98	49	294	138	156	4007,4 $\frac{sec}{100}$	1778,2 $\frac{sec}{100}$	2229,2 $\frac{sec}{100}$	81,78 $\frac{sec}{100}$	*6,2908*	13,63 $\frac{sec}{100}$	*1,0484*	12,8 $\frac{sec}{100}$	*0,9846*	14,28 $\frac{sec}{100}$	*1,0985*
ε	**7**	10	5	35	17	18	410,3 $\frac{sec}{100}$	176,9 $\frac{sec}{100}$	233,4 $\frac{sec}{100}$	82,06 $\frac{sec}{100}$	*6,3123*	11,72 $\frac{sec}{100}$	*0,9015*	10,4 $\frac{sec}{100}$	*0,8*	12,96 $\frac{sec}{100}$	*0,9969*
ζ		376		944	381	563	14025,0 $\frac{sec}{100}$	5561,0 $\frac{sec}{100}$	8464,0 $\frac{sec}{100}$					14,59 $\frac{sec}{100}$	*1,1223*	15,03 $\frac{sec}{100}$	*1,1561*
η			188		944			14025 $\frac{sec}{100}$		74,6 $\frac{sec}{100}$	*5,7385*	14,86 $\frac{sec}{100}$	*1,1431*				
	A	B	C	D	a	b	h	i	j	p	p_1	q	q_1	r	r_1	s	s_1

Tabelle IV. (Zu Seite 51 f.)

5, 6, 7, 8, 9 **III** 1. (257).

	Anzahl			Lautsumme				Zeitsumme der Laute				Durchschnittsdauer der Wörter		Durchschnittsdauer der Laute							
	der Laute pro Wort	der Silben	der Wörter	Wörter	1. Silben	2. Silben	3. Silben	Wörter	1. Silben	2. Silben	3. Silben			Wort		1. Silbe		2. Silbe		3. Silbe	
												abs.	rel.	abs.	rel.	abs.	rel.	abs.	rel.	abs.	rel.
α	5	114	38	190	38	76	76	2203,7	606,8$\frac{\text{sec}}{100}$	676,6$\frac{\text{sec}}{100}$	920,3$\frac{\text{sec}}{100}$	57,973	*4,4594*	11,598	*0,8922*	15,968	*1,2283*	8,9026	*0,6848*	12,109	*0,9315*
β	6	396	133	794	262	266	266	9496,3	3804,7$\frac{\text{sec}}{100}$	2416,9$\frac{\text{sec}}{100}$	3274,7$\frac{\text{sec}}{100}$	71,401	*5,4924*	11,9601	*0,92*	14,5217	*1,117*	9,0861	*0,6989*	12,3109	*0,9469*
γ	7	180	60	420	167	124	129	4601,8	2083,4$\frac{\text{sec}}{100}$	1045,5$\frac{\text{sec}}{100}$	1472,9$\frac{\text{sec}}{100}$	76,696	*5,8997*	10,956	*0,8428*	12,475	*0,9596*	8,4314	*0,6485*	11,4178	*0,8783*
δ	8	72	24	192	78	50	64	2020,6	836,3$\frac{\text{sec}}{100}$	440,9$\frac{\text{sec}}{100}$	743,4$\frac{\text{sec}}{100}$	84,192	*6,4763*	10,524	*0,8095*	10,7217	*0,8247*	8,818	*0,6783*	11,6156	*0,8935*
ε	9	6	2	18	10	4	4	179,2	89,2$\frac{\text{sec}}{100}$	39,4$\frac{\text{sec}}{100}$	50,6$\frac{\text{sec}}{100}$	89,6	*6,8923*	9,95	*0,7657*	8,92	*0,6861*	9,85	*0,7577*	12,65	*0,9731*
ζ		768		1614	555	520	539	18501,6	7420,4$\frac{\text{sec}}{100}$	4619,3$\frac{\text{sec}}{100}$	6461,9$\frac{\text{sec}}{100}$					13,3701	*1,0284*	8.9025	*0,6848*	11,9887	*0,9222*
η			257		1614				18501,6$\frac{\text{sec}}{100}$			71,991	*5,5377*	11,463	*0,8817*						
	A	B	C	D	a	b	c	h	i	j	k	p	p_1	q	q_1	r	r_1	s	s_1	t	t_1

Tabelle V. (Zu Seite 54 f.)

5, 6, 7, 8 **III** 2. (250).

	Anzahl			Lautsumme				Zeitsumme der Laute				Durchschnittsdauer der Wörter		Durchschnittsdauer der Laute							
	der Laute pro Wort	der Silben	der Wörter	Wörter	1. Silben	2. Silben	3. Silben	Wörter	1. Silben	2. Silben	3. Silben			Wort		1. Silbe		2. Silbe		3. Silbe	
												abs.	rel.	abs.	rel.	abs.	rel.	abs.	rel.	abs.	rel.
α	5	126	42	210	48	84	78	3205,3	757	1258,3	1190	76,32	*5,8707*	15,26	*1,1738*	15,79	*1,2146*	14,97	*1,1515*	15,256	*1,1735*
β	6	333	111	666	197	237	232	9139,4	2817,5	3197	3124,9	82,34	*6,3338*	13,72	*1,0553*	14,3	*1,1*	13,489	*1,0377*	13,464	*1,0357*
γ	7	234	78	560	176	202	182	6630,7	2104,5	2356,1	2170,1	85,01	*6,5393*	11,84	*0,9107*	11,95	*0,9192*	11,66	*0,8969*	11,92	*0,9169*
δ	8	57	19	152	49	53	50	1778	585	590,6	602,4	93,57	*7,1977*	11,69	*0,8992*	11,93	*0,9177*	11,14	*0,8569*	12,05	*0,9269*
ζ		750		1588	470	576	542	20753,4	6264	7402	7087,4					13,327	*1,0251*	12,851	*0,9885*	13,076	*1,0058*
η			250		1588				20753,4$\frac{\text{sec}}{100}$			83,013	*6,3856*	13,07	*1,0053*						
	A	B	C	D	a	b	c	h	i	j	k	p	p_1	q	q_1	r	r_1	s	s_1	t	t_1

Tab.
IV.
und
V.

Tabelle VI. (Zu Seite 57 f.)

5, 6, 7, 8 **III** 3. (99).

	Anzahl			Lautsumme				Zeitsumme der Laute				Durchschnittsdauer der Wörter		Durchschnittsdauer der Laute							
	der Laute pro Wort	der Silben	der Wörter	Wörter	1. Silben	2. Silben	3. Silben	Wörter	1. Silben	2. Silben	3. Silben	abs.	rel.	Wort abs.	Wort rel.	1. Silbe abs.	1. Silbe rel.	2. Silbe abs.	2. Silbe rel.	3. Silbe abs.	3. Silbe rel.
α	**5**	12	4	20	4	8	8	233,9	49	71,3	113,6	58,475	*4,4981*	11,695	*0,8996*	12,25	*0,9423*	8,91	*0,6854*	14,2	*1,0923*
β	**6**	90	30	180	40	60	80	2250,7	527,8	552,5	1170,4	75,354	*5,7964*	12,559	*0,9661*	13,195	*1,015*	9,208	*0,7083*	14,63	*1,1254*
γ	**7**	138	46	322	97	92	133	3779,2	1026,6	826,7	1925,9	81,938	*6,3029*	11,705	*0,9*	10,583	*0,8141*	8,986	*0,6912*	14,48	*1,1138*
δ	**8**	57	19	152	51	42	59	1699,4	500,3	386	813,1	89,49	*6,8838*	11,18	*0,86*	9,81	*0,7546*	9,19	*0,7069*	13,78	*1,06*
ζ		297		674	192	202	280	7963,2	2103,7	1836,5	4023					10,956	*0,8427*	9,091	*0,6993*	14,37	*1,1053*
η			99			674				$7963,2 \frac{sec}{100}$		80,434	*6,1872*	11,81	*0,9084*						
	A	B	C	D	a	b	c	h	i	j	k	p	p_1	q	q_1	r	r_1	s	s_1	t	t_1

Tabelle VII. (Zu Seite 58.)

8 **IV** 1. (4).

	Anzahl			Lautsumme					Zeitsumme der Laute					Durchschnittsdauer der Wörter		Durchschnittsdauer der Laute									
	der Laute pro Wort	der Silben	der Wörter	Wörter	1. Silben	2. Silben	3. Silben	4. Silben	Wörter	1. Silben	2. Silben	3. Silben	4. Silben	abs.	rel.	Wort abs.	Wort rel.	1. Silbe abs.	1. Silbe rel.	2. Silbe abs.	2. Silbe rel.	3. Silbe abs.	3. Silbe rel.	4. Silbe abs.	4. Silbe rel.
α ζ η	**8**	16	4	32	8	8	8	8	275,5	99,8	42,5	58	75,2	68,8752	*5,2981*	8,6094	*0,6623*	12,48	*0,96*	5,3125	*0,4086*	7,25	*0,5577*	9,4	*0,7231*
	A	B	C	D	a	b	c	d	h	i	j	k	l	p	p_1	q	q_1	r	r_1	s	s_1	t	t_1	u	u_1

Tab.
VI.
und
VII.

Tabelle VIII. (Zu Seite 59 f.)

6, 7, 8, 9, 10 **IV** 2. (92).

	Anzahl der Laute pro Wort	Anzahl der Silben	Anzahl der Wörter	Lautsumme Wörter	Lautsumme 1. Silben	Lautsumme 2. Silben	Lautsumme 3. Silben	Lautsumme 4. Silben	Zeitsumme der Laute Wörter	Zeitsumme der Laute 1. Silben	Zeitsumme der Laute 2. Silben	Zeitsumme der Laute 3. Silben	Zeitsumme der Laute 4. Silben	Durchschnittsdauer der Wörter abs.	Durchschnittsdauer der Wörter rel.	Durchschnittsdauer der Laute Wort abs.	Wort rel.	1. Silbe abs.	1. Silbe rel.	2. Silbe abs.	2. Silbe rel.	3. Silbe abs.	3. Silbe rel.	4. Silbe abs.	4. Silbe rel.
α	6	8	2	12	2	2	4	4	137,2	24,6	28,8	29,8	54	68,598	*5,2767*	11,433	*0,8794*	12,3	*0,9461*	14,4	*1,1076*	7,45	*0,573*	13,5	*1,0385*
β	7	60	15	105	17	30	30	28	1187	217	327	273,6	369,4	79,128	*6,0867*	11,304	*0,8695*	12,764	*0,9818*	10,9	*0,8385*	9,12	*0,7015*	13,192	*1,0147*
γ	8	164	41	248	52	68	64	64	2943,3	756,9	747,3	579,1	860	94,952	*7,304*	11,869	*0,913*	14,556	*1,1197*	10,989	*0,8453*	9,048	*0,696*	13,437	*1,0336*
δ	9	112	28	252	56	72	58	66	2648,6	635,5	691,7	554,7	766,7	94,986	*7,3066*	10,554	*0,8118*	11,348	*0,873*	9,607	*0,739*	9,564	*0,7357*	11,616	*0,8935*
ε	10	24	6	60	12	18	14	16	584,1	122,2	180,4	114,3	167,2	90,735	*6,9796*	9,0735	*0,6979*	10,183	*0,7833*	10,02	*0,7707*	8,164	*0,628*	10,45	*0,8038*
ζ		368		677	139	190	170	178	7500,2	1756,2	1975,2	1551,5	2217,3					12,634	*0,9718*	10,396	*0,7997*	9,126	*0,702*	12,457	*0,9582*
η			92		677					$7500{,}2\frac{sec}{100}$				81,524	*6,2711*	11,078	*0,8521*								
	A	B	C	D	a	b	c	d	h	i	j	k	l	p	p_1	q	q_1	r	r_1	s	s_1	t	t_1	u	u_1

Tabelle IX. (Zu Seite 60.)

8, 9, 10 **IV** 3. (37).

	Anzahl der Laute pro Wort	Anzahl der Silben	Anzahl der Wörter	Lautsumme Wörter	Lautsumme 1. Silben	Lautsumme 2. Silben	Lautsumme 3. Silben	Lautsumme 4. Silben	Zeitsumme der Laute Wörter	Zeitsumme der Laute 1. Silben	Zeitsumme der Laute 2. Silben	Zeitsumme der Laute 3. Silben	Zeitsumme der Laute 4. Silben	Durchschnittsdauer der Wörter abs.	Durchschnittsdauer der Wörter rel.	Durchschnittsdauer der Laute Wort abs.	Wort rel.	1. Silbe abs.	1. Silbe rel.	2. Silbe abs.	2. Silbe rel.	3. Silbe abs.	3. Silbe rel.	4. Silbe abs.	4. Silbe rel.
α	8	124	31	248	51	64	67	66	2906,4	621,3	543,9	913,4	827,8	94,152	*7,2424*	11,719	*0,9015*	12,182	*0,9371*	8,498	*0,6537*	13,93	*1,0716*	12,545	*0,965*
β	9	8	2	18	4	4	4	6	203,2	49,5	44,1	46,3	63,3	101,61	*7,8161*	11,29	*0,8684*	12,375	*0,9519*	11,025	*0,8481*	11,507	*0,8851*	10,505	*0,8081*
γ	10	16	4	40	15	8	9	8	374	113,5	64,4	115,1	81	93,5	*7,1923*	9,35	*0,7192*	7,566	*0,582*	8,05	*0,6192*	12,79	*0,9838*	10,125	*0,7788*
ζ		148		306	70	76	80	80	3483,6	784,3	652,4	1074,8	972,1					11,204	*0,8618*	8,584	*0,6603*	13,435	*1,0334*	12,151	*0,9347*
η			37		306					$3483{,}6\frac{sec}{100}$				94,151	*7,2424*	11,38	*0,8754*								
	A	B	C	D	a	b	c	d	h	i	j	k	l	p	p_1	q	q_1	r	r_1	s	s_1	t	t_1	u	u_1

Tab.
VIII.
und
IX.

Tabelle X. (Zu Seite 61.)

9 **IV** 4. (2).

	Anzahl der Laute pro Wort	Anzahl der Silben	Anzahl der Wörter	Lautsumme Wörter	Lautsumme 1. Silben	Lautsumme 2. Silben	Lautsumme 3. Silben	Lautsumme 4. Silben	Zeitsumme der Laute Wörter	Zeitsumme der Laute 1. Silben	Zeitsumme der Laute 2. Silben	Zeitsumme der Laute 3. Silben	Zeitsumme der Laute 4. Silben	Durchschnittsdauer der Wörter abs.	Durchschnittsdauer der Wörter rel.	Durchschnittsdauer der Laute Wort abs.	Wort rel.	1. Silbe abs.	1. Silbe rel.	2. Silbe abs.	2. Silbe rel.	3. Silbe abs.	3. Silbe rel.	4. Silbe abs.	4. Silbe rel.
α ζ η	**9**	8	2	18	4	4	4	6	171,8	29,2	34,9	29,5	78,2	85,9	*6,6077*	9,544	*0,7341*	7,3	*0,5615*	8,725	*0,6711*	7,3725	*0,5671*	13,033	*1,0025*
	A	B	C	D	a	b	c	d	h	i	j	k	l	p	p_1	q	q_1	r	r_1	s	s_1	t	t_1	u	u_1

Tabelle XI. (Zu Seite 61.)

10 **V** 1. (4).

	Anzahl der Laute pro Wort	Anzahl der Silben	Anzahl der Wörter	Lautsumme Wörter	Lautsumme 1. Silben	Lautsumme 2. Silben	Lautsumme 3. Silben	Lautsumme 4. Silben	Lautsumme 5. Silben	Zeitsumme der Laute Wörter	Zeitsumme der Laute 1. Silben	Zeitsumme der Laute 2. Silben	Zeitsumme der Laute 3. Silben	Zeitsumme der Laute 4. Silben	Zeitsumme der Laute 5. Silben	Durchschnittsdauer der Wörter abs.	Durchschnittsdauer der Wörter rel.	Durchschnittsdauer der Laute Wort abs.	Wort rel.	1. Silbe abs.	1. Silbe rel.	2. Silbe abs.	2. Silbe rel.	3. Silbe abs.	3. Silbe rel.	4. Silbe abs.	4. Silbe rel.	5. Silbe abs.	5. Silbe rel.
α ζ η	**10**	20	4	40	8	8	8	8	8	263,6	73,1	41,1	45,5	37,5	66,4	65,9	*5,0692*	6,59	*0,5069*	9,1375	*0,7029*	5,1375	*0,3952*	5,6875	*0,4375*	4,6875	*0,3606*	8,3	*0,6385*
	A	B	C	D	a	b	c	d	e	h	i	j	k	l	m	p	p_1	q	q_1	r	r_1	s	s_1	t	t_1	u	u_1	v	v_1

Tabelle XII. (Zu Seite 61 f.)

11 **V** 2. (2).

	Anzahl der Laute pro Wort	Anzahl der Silben	Anzahl der Wörter	Lautsumme Wörter	Lautsumme 1. Silben	Lautsumme 2. Silben	Lautsumme 3. Silben	Lautsumme 4. Silben	Lautsumme 5. Silben	Zeitsumme der Laute Wörter	Zeitsumme der Laute 1. Silben	Zeitsumme der Laute 2. Silben	Zeitsumme der Laute 3. Silben	Zeitsumme der Laute 4. Silben	Zeitsumme der Laute 5. Silben	Durchschnittsdauer der Wörter abs.	Durchschnittsdauer der Wörter rel.	Durchschnittsdauer der Laute Wort abs.	Wort rel.	1. Silbe abs.	1. Silbe rel.	2. Silbe abs.	2. Silbe rel.	3. Silbe abs.	3. Silbe rel.	4. Silbe abs.	4. Silbe rel.	5. Silbe abs.	5. Silbe rel.
α ζ η	**11**	10	2	22	4	4	6	4	4	183,1	36,3	38,2	33,4	36,6	38,6	91,55	*7,0423*	8,323	*0,64*	9,075	*0,6981*	9,55	*0,7346*	5,566	*0,4282*	9,15	*0,7038*	9,65	*0,7423*
	A	B	C	D	a	b	c	d	e	h	i	j	k	l	m	p	p_1	q	q_1	r	r_1	s	s_1	t	t_1	u	u_1	v	v_1

Tab.
X.
bis
XII.

Tabelle XIII. (Zu Seite 62.)

10, 11 **V** 3. (8).

	Anzahl der Laute pro Wort	Anzahl der Silben	Anzahl der Wörter	Lautsumme Wörter	Lautsumme 1. Silben	Lautsumme 2. Silben	Lautsumme 3. Silben	Lautsumme 4. Silben	Lautsumme 5. Silben	Zeitsumme der Laute Wörter	Zeitsumme 1. Silben	Zeitsumme 2. Silben	Zeitsumme 3. Silben	Zeitsumme 4. Silben	Zeitsumme 5. Silben	Durchschnittsdauer der Wörter abs.	Durchschnittsdauer der Wörter rel.	Durchschnittsdauer der Laute Wort abs.	Wort rel.	1. Silbe abs.	1. Silbe rel.	2. Silbe abs.	2. Silbe rel.	3. Silbe abs.	3. Silbe rel.	4. Silbe abs.	4. Silbe rel.	5. Silbe abs.	5. Silbe rel.
α	10	30	6	60	12	12	12	12	12	678,5	208,7	89,7	124,3	108,9	146,9	113,083	*8,6987*	11,3083	*0,8698*	17,3916	*1,3378*	7,475	*0,575*	10,3583	*0,7968*	9,075	*0,6981*	12,2416	*0,9417*
β	11	10	2	22	4	6	4	4	4	235,9	44,1	56,2	47	36,1	52,5	117,95	*9,073*	10,7228	*0,8248*	11,025	*0,8481*	9,3666	*0,7205*	11,75	*0,9038*	9,025	*0,6942*	13,125	*1,0096*
ζ		40		82	16	18	16	16	16	914,4	252,8	145,9	171,3	145	199,4					15,8	*1,2154*	8,1055	*0,6235*	10,7062	*0,8235*	9,0625	*0,6971*	12,4625	*0,9586*
η			8				82						914,4 $\frac{sec}{100}$			114,3	*8,7923*	11,1512	*0,8578*										
	A	B	C	D	a	b	c	d	e	h	i	j	k	l	m	p	p_1	q	q_1	r	r_1	s	s_1	t	t_1	u	u_1	v	v_1

Tabelle XIV. (Zu Seite 62.)

9, 10, 11 **V** 4. (6).

	Anzahl der Laute pro Wort	Anzahl der Silben	Anzahl der Wörter	Lautsumme Wörter	Lautsumme 1. Silben	Lautsumme 2. Silben	Lautsumme 3. Silben	Lautsumme 4. Silben	Lautsumme 5. Silben	Zeitsumme der Laute Wörter	Zeitsumme 1. Silben	Zeitsumme 2. Silben	Zeitsumme 3. Silben	Zeitsumme 4. Silben	Zeitsumme 5. Silben	Durchschnittsdauer der Wörter abs.	Durchschnittsdauer der Wörter rel.	Durchschnittsdauer der Laute Wort abs.	Wort rel.	1. Silbe abs.	1. Silbe rel.	2. Silbe abs.	2. Silbe rel.	3. Silbe abs.	3. Silbe rel.	4. Silbe abs.	4. Silbe rel.	5. Silbe abs.	5. Silbe rel.
α	9	10	2	18	2	4	4	4	4	198,3	21.6	29	46	60,9	40,8	99,15	*7,6269*	11,01	*0,8469*	10,8	*0,8307*	7,25	*0,5577*	11,5	*0,8846*	15,225	*1,1711*	10,2	*0,7846*
β	10	10	2	20	4	4	6	4	2	185,4	26,1	32,5	41,8	60,7	24,3	92,7	*7,1307*	9,27	*0,713*	6,525	*0,5016*	8,125	*0,625*	6,967	*0,5359*	15,175	*1,1673*	12,15	*0,9346*
γ	11	10	2	22	4	4	4	4	6	220,8	34,9	33	34,1	51,7	67,1	110,4	*8,4923*	10,036	*0,772*	8,725	*0,6707*	8,25	*0,6346*	8,525	*0,6557*	12,925	*0,9942*	11,18	*0,86*
ζ		30		60	10	12	14	12	12	604,5	82,6	94,5	121,9	173,3	132,2					8,26	*0,6354*	7,875	*0,6057*	8,707	*0,6697*	14,442	*1,1109*	11,016	*0,8474*
η			6				60						604,5 $\frac{sec}{100}$			100,75	*7,75*	10,075	*0,775*										
	A	B	C	D	a	b	c	d	e	h	i	j	k	l	m	p	p_1	q	q_1	r	r_1	s	s_1	t	t_1	u	u_1	v	v_1

Tab.
XIII.
und
XIV.

Tabelle XV. (Zu Seite 63.)

12, 13 **V** 5. (4).

	Anzahl der Laute pro Wort	Anzahl der Silben	Anzahl der Wörter	Lautsumme Wörter	Lautsumme 1. Silben	Lautsumme 2. Silben	Lautsumme 3. Silben	Lautsumme 4. Silben	Lautsumme 5. Silben	Zeitsumme der Laute Wörter	Zeitsumme 1. Silben	Zeitsumme 2. Silben	Zeitsumme 3. Silben	Zeitsumme 4. Silben	Zeitsumme 5. Silben	Durchschnittsdauer der Wörter abs.	Durchschnittsdauer der Wörter rel.	Wort abs.	Wort rel.	1. Silbe abs.	1. Silbe rel.	2. Silbe abs.	2. Silbe rel.	3. Silbe abs.	3. Silbe rel.	4. Silbe abs.	4. Silbe rel.	5. Silbe abs.	5. Silbe rel.
α	**12**	10	2	24	4	4	4	4	8	186	39,4	25,5	18,4	27,8	74,9	93 $\frac{sec}{100}$	*7,1538*	7,75	*0,5961*	9,85	*0,7577*	6,375	*0,4904*	4,6	*0,3538*	6,95	*0,5346*	9,3625	*0,7202*
β	**13**	10	2	26	6	6	4	4	6	163,8	33,7	30,6	23,1	21,7	54,7	81,9 $\frac{sec}{100}$	*6,3*	6,3	*0,4846*	5,616	*0,432*	5,1	*0,3923*	5,775	*0,4442*	5,425	*0,4173*	9,1166	*0,7013*
ζ		20		50	10	10	8	8	14	349,8	73,1	56,1	41,5	49,5	129,6					7,31	*0,5623*	5,61	*0,4315*	5,1875	*0,399*	6,1875	*0,4759*	9,2571	*0,7121*
η			4		50						349,8 $\frac{sec}{100}$					87,45 $\frac{sec}{100}$	*6,7269*	6,996	*0,538*										
	A	B	C	D	a	b	c	d	e	h	i	j	k	l	m	p	p_1	q	q_1	r	r_1	s	s_1	t	t_1	u	u_1	v	v_1

Tabelle XVI. (Zu Seite 63.)

13 **VI** 2. (2).

	Anzahl der Laute pro Wort	Anzahl der Silben	Anzahl der Wörter	Lautsumme Wörter	Lautsumme 1. Silben	Lautsumme 2. Silben	Lautsumme 3. Silben	Lautsumme 4. Silben	Lautsumme 5. Silben	Lautsumme 6. Silben	Zeitsumme der Laute Wörter	Zeitsumme 1. Silben	Zeitsumme 2. Silben	Zeitsumme 3. Silben	Zeitsumme 4. Silben	Zeitsumme 5. Silben	Zeitsumme 6. Silben	Durchschnittsdauer der Wörter abs.	Durchschnittsdauer der Wörter rel.	Wort abs.	Wort rel.	1. Silbe abs.	1. Silbe rel.	2. Silbe abs.	2. Silbe rel.	3. Silbe abs.	3. Silbe rel.	4. Silbe abs.	4. Silbe rel.	5. Silbe abs.	5. Silbe rel.	6. Silbe abs.	6. Silbe rel.
α ζ η	**13**	12	2	26	4	4	6	4	4	4	197,6	39,6	28,4	32,3	36,2	24,1	37	98,8 $\frac{sec}{100}$	*7,6*	7,6	*0,5846*	9,9	*0,7615*	7,1	*0,5461*	5,3833	*0,4141*	9,05	*0,6961*	6,025	*0,4635*	9,25	*0,7115*
	A	B	C	D	a	b	c	d	e	f	h	i	j	k	l	m	n	p	q_1	q	q_1	r	r_1	s	s_1	t	t_1	u	u_1	v	v_1	w	w_1

Tab.
XV.
und
XVI.

Tabelle XVII. (Zu Seite 63.)

13, 14 **VI** 3. (4).

	Anzahl der Laute pro Wort	Anzahl der Silben	Anzahl der Wörter	Lautsumme Wörter	Lautsumme 1. Silben	Lautsumme 2. Silben	Lautsumme 3. Silben	Lautsumme 4. Silben	Lautsumme 5. Silben	Lautsumme 6. Silben	Zeitsumme der Laute Wörter	Zeitsumme 1. Silben	Zeitsumme 2. Silben	Zeitsumme 3. Silben	Zeitsumme 4. Silben	Zeitsumme 5. Silben	Zeitsumme 6. Silben	Durchschnittsdauer der Wörter abs.	Durchschnittsdauer der Wörter rel.	Wort abs.	Wort rel.	1. Silbe abs.	1. Silbe rel.	2. Silbe abs.	2. Silbe rel.	3. Silbe abs.	3. Silbe rel.	4. Silbe abs.	4. Silbe rel.	5. Silbe abs.	5. Silbe rel.	6. Silbe abs.	6. Silbe rel
α	13	12	2	26	4	4	6	4	4	4	167,9	28,7	21,2	46,6	21,4	17,4	32,6	83,95 $\frac{sec}{100}$	*6,4577*	6,4577	*0,4967*	7,175	*0,5519*	5,3	*0,4077*	7,766	*0,5974*	5,35	*0,4115*	4,35	*0,3346*	8,15	*0,6269*
β	14	12	2	28	4	6	4	6	4	4	192,5	34,6	29,3	35,1	25,4	34,6	33,5	96,25 $\frac{sec}{100}$	*7,4038*	6,875	*0,5288*	8,65	*0,6654*	4,883	*0,3748*	8,775	*0,675*	4,233	*0,3256*	8,65	*0,6654*	8,375	*0,6442*
ζ		24		54	8	10	10	10	8	8	360,4	63,3	50,5	81,7	46,8	52	66,1					7,9125	*0,6086*	5,05	*0,3884*	8,17	*0,6284*	4,68	*0,36*	6,5	*0,5*	8,2625	*0,6356*
η			4		54							360,4						90,1 $\frac{sec}{100}$	*6,9307*	6,6741	*0,5134*												
	A	B	C	D	a	b	c	d	e	f	h	i	j	k	l	m	n	p	p_1	q	q_1	r	r_1	s	s_1	t	t_1	u	u_1	v	v_1	w	w_1

Tabelle XVIII. (Zu Seite 64.)

12, 13 **VI** 4. (4).

	Anzahl der Laute pro Wort	Anzahl der Silben	Anzahl der Wörter	Lautsumme Wörter	Lautsumme 1. Silben	Lautsumme 2. Silben	Lautsumme 3. Silben	Lautsumme 4. Silben	Lautsumme 5. Silben	Lautsumme 6. Silben	Zeitsumme der Laute Wörter	Zeitsumme 1. Silben	Zeitsumme 2. Silben	Zeitsumme 3 Silben	Zeitsumme 4. Silben	Zeitsumme 5. Silben	Zeitsumme 6. Silben	Durchschnittsdauer der Wörter abs.	Durchschnittsdauer der Wörter rel.	Wort abs.	Wort rel.	1. Silbe abs.	1. Silbe rel	2. Silbe abs.	2. Silbe rel.	3. Silbe abs.	3. Silbe rel.	4. Silbe abs.	4. Silbe rel.	5. Silbe abs.	5. Silbe rel.	6. Silbe abs.	6. Silbe rel.
α	12	12	2	24	4	4	4	4	4	4	166,5	27,1	22,1	20,1	29,9	23,9	43,4	83,25 $\frac{sec}{100}$	*6,4038*	6,9375	*0,5336*	6,775	*0,5211*	5,525	*0,425*	5,025	*0,3865*	7,475	*0,575*	5,975	*0,4596*	10,85	*0,8346*
β	13	12	2	26	4	4	4	6	4	4	178	26,3	24,6	17,1	56,4	19,8	33,8	89 $\frac{sec}{100}$	*6,8461*	6,8461	*0,5266*	6,575	*0,5057*	6,15	*0,4731*	4,275	*0,3288*	9,4	*0,7231*	4,95	*0,3807*	8,45	*0,65*
ζ		24		50	8	8	8	10	8	8	344,5	53,4	46,7	37,2	86,3	43,7	77,2					6,675	*0,5134*	5,8375	*0,449*	4,65	*0,3576*	8,63	*0,6638*	5,4625	*0,4202*	9,65	*0,7423*
η			4		50							344,5						86,125	*6,625*	6,87	*0,5285*												

Tab.
XVII.
und
XVIII.

Tabelle XIX. (Zu Seite 64f.)

14, 16 **VI 5.** (4).

	Anzahl der Laute pro Wort	Anzahl der Silben	Anzahl der Wörter	Lautsumme Wörter	Lautsumme 1. Silben	Lautsumme 2. Silben	Lautsumme 3. Silben	Lautsumme 4. Silben	Lautsumme 5. Silben	Lautsumme 6. Silben	Zeitsumme der Laute Wörter	Zeitsumme 1. Silben	Zeitsumme 2. Silben	Zeitsumme 3. Silben	Zeitsumme 4. Silben	Zeitsumme 5. Silben	Zeitsumme 6. Silben	Durchschnittsdauer der Wörter abs.	Durchschnittsdauer der Wörter rel.	Durchschnittsdauer der Laute Wort abs.	Wort rel.	1. Silbe abs.	1. Silbe rel.	2. Silbe abs.	2. Silbe rel.	3. Silbe abs.	3. Silbe rel.	4. Silbe abs.	4. Silbe rel.	5. Silbe abs.	5. Silbe rel.	6. Silbe abs.	6. Silbe rel.
α	**14**	12	2	28	4	6	4	4	4	6	182,3	27,5	22,4	27,9	18,6	37,3	48,6	91,15 $\frac{sec}{100}$	*7,0115*	6,5107	*0,5008*	6,875	*0,5288*	3,73	*0,2869*	6,975	*0,5365*	4,65	*0,3577*	9,325	*0,7173*	8,1	*0,6231*
β	**16**	12	2	32	6	6	6	4	6	4	252,9	67,5	28,5	39,2	20,7	47,5	49,5	126,45 „	*9,7269*	7,9035	*0,6079*	11,25	*0,8654*	4,75	*0,3654*	6,533	*0,5025*	5,175	*0,3981*	7,9166	*0,6089*	12,375	*0,9519*
ζ		24		60	10	12	10	8	10	10	435,2	95	50,9	67,1	39,3	84,8	98,1					9,5	*0,7307*	4,241	*0,3262*	6,71	*0,5161*	4,9125	*0,3778*	8,48	*0,6523*	9,81	*0,7546*
η			4		60							435,2						108,8 $\frac{sec}{100}$	*8,3692*	7,253	*0,5579*												
	A	B	C	D	a	b	c	d	e	f	h	i	j	k	l	m	n	p	p_1	q	q_1	r	r_1	s	s_1	t	t_1	u	u_1	v	v_1	w	w_1

Tabelle XX. (Zu Seite 65.)

12, 14 **VI 6.** (4).

	Anzahl der Laute pro Wort	Anzahl der Silben	Anzahl der Wörter	Lautsumme Wörter	Lautsumme 1. Silben	Lautsumme 2. Silben	Lautsumme 3. Silben	Lautsumme 4. Silben	Lautsumme 5. Silben	Lautsumme 6. Silben	Zeitsumme der Laute Wörter	Zeitsumme 1. Silben	Zeitsumme 2. Silben	Zeitsumme 3. Silben	Zeitsumme 4. Silben	Zeitsumme 5. Silben	Zeitsumme 6. Silben	Durchschnittsdauer der Wörter abs.	Durchschnittsdauer der Wörter rel.	Durchschnittsdauer der Laute Wort abs.	Wort rel.	1. Silbe abs.	1. Silbe rel.	2. Silbe abs.	2. Silbe rel.	3. Silbe abs.	3. Silbe rel.	4. Silbe abs.	4. Silbe rel.	5. Silbe abs.	5. Silbe rel.	6. Silbe abs.	6. Silbe rel.
α	**12**	12	2	24	4	4	4	4	2	6	190	35,8	16,8	23,4	24,9	27	62,1	95 $\frac{sec}{100}$	*7,3076*	7,916	*0,6089*	8,95	*0,6885*	4,2	*0,3231*	5,85	*0,45*	6,225	*0,4788*	13,5	*1,0385*	10,35	*0,7961*
β	**14**	12	2	28	4	4	4	4	4	8	192	34,4	21,1	19,6	22,6	28	66,3	96 $\frac{sec}{100}$	*7,3846*	6,8571	*0,5275*	8,6	*0,6615*	5,275	*0,4057*	4,9	*0,3769*	5,65	*0,4346*	7,0	*0,5385*	8,2875	*0,6375*
ζ		24		52	8	8	8	8	6	14	382	70,2	37,9	43	47,5	55	128,4					8,775	*06746*	4,7375	*036 44*	5,375	*0,4134*	5,9275	*0,4559*	9,166	*0,7051*	9,171	*0,7054*
η			4		52							382						95,5 $\frac{sec}{100}$	*7,3461*	7,3461	*0,5651*												
	A	B	C	D	a	b	c	d	e	f	h	i	j	k	l	m	n	p	p_1	q	q_1	r	r_1	s	s_1	t	t_1	u	u_1	v	v_1	w	w_1

Tab.
XIX.
und
XX.

Tabelle XXI. (Zu Seite 65f.)

15, 16 **VII** 4. (6)

	Anzahl der Laute pro Wort	Anzahl der Silben	Anzahl der Wörter	Lautsumme Wörter	1. Silben	2. Silben	3. Silben	4. Silben	5. Silben	6. Silben	7. Silben	Zeitsumme der Laute Wörter	1. Silben	2. Silben	3. Silben	4. Silben	5. Silben	6. Silben	7. Silben
α	**15**	14	2	30	4	4	4	4	6	4	4	194,5	32,4	14,3	19,2	34,3	26,7	31,1	36,5
β	**16**	28	4	64	8	12	8	12	8	8	8	365,3	42,1	45,9	42,6	95,7	35,9	36,3	66,8
ζ		42		94	12	16	12	16	14	12	12	559,8	74,5	60,2	61,8	130	62,6	67,4	103,3
η			6		94								559,8						
	A	B	C	D	a	b	c	d	e	f	g	h	i	j	k	l	m	n	o

	Durchschnittsdauer der Wörter abs.	rel.	Durchschnittsdauer der Laute: Wort abs.	Wort rel.	1. Silbe abs.	1. Silbe rel.	2. Silbe abs.	2. Silbe rel.	3. Silbe abs.	3. Silbe rel.	4. Silbe abs.	4. Silbe rel.	5. Silbe abs.	5. Silbe rel.	6. Silbe abs.	6. Silbe rel.	7. Silbe abs.
α	97,25	*7,4807*	6,4833	*0,4987*	8,1	*0,6231*	3,575	*0,275*	4,8	*0,3692*	8,575	*0,6596*	4,45	*0,3423*	7,775	*0,5981*	9,125
β	91,325	*7,025*	5,7078	*0,4391*	5,2625	*0,4048*	3,825	*0,2942*	5,325	*0,4096*	7,975	*0,6134*	4,4875	*0,3452*	4,5375	*0,349*	8,35
ζ					6,2083	*0,4775*	3,7625	*0,2897*	5,15	*0,3961*	8,125	*0,625*	4,4714	*0,3439*	5,6166	*0,432*	8,6083
η	93,3 $\frac{sec}{100}$	*7,1769*	5,9553	*0,4581*													
	p	p_1	q	q_1	r	r_1	s	s_1	t	t_1	u	u_1	v	v_1	w	w_1	x

Tabelle XXII. (Zu Seite 66.)

13, 14 **VII** 5. (4).

	Anzahl der Laute pro Wort	Anzahl der Silben	Anzahl der Wörter	Lautsumme Wörter	1. Silben	2. Silben	3. Silben	4. Silben	5. Silben	6. Silben	7. Silben	Zeitsumme der Laute Wörter	1. Silben	2. Silben	3. Silben	4. Silben	5. Silben	6. Silben	7. Silben
α	**13**	14	2	26	4	4	4	4	4	2	4	178,9	32,6	19,1	18,7	22,4	28,3	12,3	45,5
β	**14**	14	2	28	4	4	4	4	4	4	4	183,1	30,6	14,1	18,5	25	30,7	26,5	37,7
ζ		28		54	8	8	8	8	8	6	8	362,0	63,2	33,2	37,2	47,4	59	38,8	83,2
η			4		54								362,0 $\frac{sec}{100}$						
	A	B	C	D	a	b	c	d	e	f	g	h	i	j	k	l	m	n	o

	Durchschnittsdauer der Wörter abs.	rel.	Durchschnittsdauer der Laute: Wort abs.	Wort rel.	1. Silbe abs.	1. Silbe rel.	2. Silbe abs.	2. Silbe rel.	3. Silbe abs.	3. Silbe rel.	4. Silbe abs.	4. Silbe rel.	5. Silbe abs.	5. Silbe rel.	6. Silbe abs.	6. Silbe rel.	7. Silbe abs.	7. Silbe rel.
α	89,4 $\frac{sec}{100}$	*6,8769*	6,8769	*0,5289*	8,15	*0,6269*	4,775	*0,3673*	4,675	*0,3596*	5,6	*0,4307*	7,075	*0,5442*	6,15	*0,4731*	11,375	*0,875*
β	91,55 $\frac{sec}{100}$	*7,0423*	6,5393	*0,503*	7,65	*0,5884*	3,525	*0,2711*	4,625	*0,3557*	6,25	*0,4807*	7,675	*0,5903*	6,625	*0,5096*	9,425	*0,725*
ζ					7,9	*0,6076*	4,15	*0,3192*	4,65	*0,3577*	5,925	*0,4557*	7,375	*0,5673*	6,46	*0,4969*	10,4	*0,8*
η	90,5 $\frac{sec}{100}$	*6,9615*	6,7037	*0,5156*														
	p	p_1	q	q_1	r	r_1	s	s_1	t	t_1	u	u_1	v	v_1	w	w_1	x	x_1

Tab.
XXI.
und
XXII.

Tabelle XXIII. (Zu Seite 66.)

13, 14 **VII** 6. (4).

	Anzahl der Laute pro Wort	Anzahl der Silben	Anzahl der Wörter	Lautsumme Wörter	Lautsumme 1. Silben	2. Silben	3. Silben	4. Silben	5. Silben	6. Silben	7. Silben	Zeitsumme der Laute Wörter	Zeitsumme 1. Silben	2. Silben	3. Silben	4. Silben	5. Silben	6. Silben	7. Silben
α	**13**	14	2	26	4	4	4	4	2	4	4	194,6	25,8	17,2	24,6	20,9	27,4	39	39,7
β	**14**	14	2	28	4	4	4	4	4	4	4	202,4	28,7	17,4	16,5	25,1	29,8	38,7	46,2
ζ		28		54	8	8	8	8	6	8	8	397	54,5	34,6	41,1	46	57,2	77,7	85,9
η			4		54								397 $\frac{sec}{100}$						
	A	B	C	D	a	b	c	d	e	f	g	h	i	j	k	l	m	n	o

	Durchschnittsdauer der Wörter abs.	Durchschnittsdauer der Wörter rel.	Durchschnittsdauer der Laute: Wort abs.	Wort rel.	1. Silbe abs.	1. Silbe rel.	2. Silbe abs.	2. Silbe rel.	3. Silbe abs.	3. Silbe rel.	4. Silbe abs.	4. Silbe rel.	5. Silbe abs.	5. Silbe rel.	6. Silbe abs.	6. Silbe rel.	7. Silbe abs.	7. Silbe rel.
α	97,3 $\frac{sec}{100}$	*7,4846*	7,4846	*0,5757*	6,45	*0,4961*	4,3	*0,3307*	6,15	*0,4731*	5,225	*0,4019*	13,7	*1,0538*	9,75	*0,75*	9,925	*0,7634*
β	101,2 $\frac{sec}{100}$	*7,7846*	7,2285	*0,556*	7,175	*0,5519*	4,35	*0,3346*	4,125	*0,3173*	6,275	*0,4826*	7,45	*0,5731*	9,675	*0,7442*	11,55	*0,8884*
ζ					6,8125	*0,524*	4,325	*0,3327*	5,1375	*0,395*	5,75	*0,4423*	9,53	*0,7331*	9,7125	*0,7471*	10,7375	*0,8259*
η	99,25 $\frac{sec}{100}$	*7,6346*	7,3518	*0,5655*														
	p	p_1	q	q_1	r	r_1	s	s_1	t	t_1	u	u_1	v	v_1	w	w_1	x	x_1

Tabelle XXIV. (Zu Seite 67.)

16, 17 **VII** 7. (2).

	Anzahl der Laute pro Wort	Anzahl der Silben	Anzahl der Wörter	Lautsumme Wörter	Lautsumme 1. Silben	2. Silben	3. Silben	4. Silben	5. Silben	6. Silben	7. Silben	Zeitsumme der Laute Wörter	Zeitsumme 1. Silben	2. Silben	3. Silben	4. Silben	5. Silben	6. Silben	7. Silben
α	**16**	7	1	16	2	3	2	2	2	2	3	106,4	14,8	13,2	9,2	9,5	8,4	11,7	39,6
β	**17**	7	1	17	3	3	2	2	2	2	3	148,7	48,9	8,8	9,4	7,8	11,6	12,9	49,3
ζ		14		33	5	6	4	4	4	4	6	255,1	63,7	22	18,6	17,3	20	24,6	88,9
η			2		33								255,1 $\frac{sec}{100}$						

	Durchschnittsdauer der Wörter abs.	Durchschnittsdauer der Wörter rel.	Durchschnittsdauer der Laute: Wort abs.	Wort rel.	1. Silbe abs.	1. Silbe rel.	2. Silbe abs.	2. Silbe rel.	3. Silbe abs.	3. Silbe rel.	4. Silbe abs.	4. Silbe rel.	5. Silbe abs.	5. Silbe rel.	6. Silbe abs.	6. Silbe rel.	7. Silbe abs.	7. Silbe rel.
α	106,4 $\frac{sec}{100}$	*8,1846*	6,65	*0,5115*	7,4	*0,5692*	4,4	*0,3384*	9,2	*0,3538*	4,75	*0,3653*	4,2	*0,3231*	5,85	*0,45*	13,2	*1,0154*
β	148,7 $\frac{sec}{100}$	*11,4384*	8,747	*0,6728*	16,3	*1,2538*	2,933	*0,2256*	4,7	*0,3615*	3,9	*0,3*	5,8	*0,4461*	6,45	*0,4961*	16,433	*1,2641*
ζ					12,74	*0,98*	3,66	*0,2815*	4,65	*0,3577*	4,325	*0,3327*	5	*0,3846*	6,15	*0,4731*	14,816	*1,1397*
η	127,55 $\frac{sec}{100}$	*9,8115*	7,7303	*0,5946*														

Tab.
XXII.
und
XXIV.

Tabelle XXIX. **Silbendauer** (durchschnittliche Silbe

Worttypen	Worttypengruppen	Silbendurchschnittsdauer: Worttypen	Silbendurchschnittsdauer: Worttypengruppen	1. Silbe: Worttypen	1. Silbe: Worttypengruppen	2. Silbe: Worttypen	2. Silbe: Worttypengruppen	3. Si: Worttypen
I.	I	abs. **54.615** *rel.* ***4.2011***	abs. 54.615 *rel. 4.2011*	abs. **54.615** *rel.* ***4.2011***	abs. 54.615 *rel. 4.2011*			
II 1.		abs. 32.5423 *rel. 2.5032*		abs. **35.2309** *rel.* ***2.7101***		abs. 29.8537 *rel. 2.2964*		
II 2.		abs. 37.3005 *rel. 2.8692*		abs. 29.5797 *rel. 2.2754*		abs. **45.0212** *rel.* ***3.4632***		
	II		abs. 34.1397 *rel. 2.6261*		abs. 33.3337 *rel. 2.5641*		abs. 34.9457 *rel. 2.6881*	
III 1.		abs. 24.0906 *rel. 1.8531*		abs. **28.8731** *rel.* ***2.221***		abs. 17.9739 *rel. 1.3826*		abs. 25.1435 *rel. 1.9341*
III 2.		abs. 27.6712 *rel. 2.1285*		abs. 25.056 *rel. 1.9274*		abs. **29.608** *rel.* ***2.2775***		abs. 28.3496 *rel. 2.1807*
III 3.		abs. 26.8121 *rel. 2.0623*		abs. 21.2494 *rel. 1.6345*		abs. 18.5505 *rel. 1.4269*		abs. **40.6363** *rel.* ***3.1258***
	III		abs. 26.0155 *rel. 2.0012*		abs. 26.0529 *rel. 2.0041*		abs. 22.8676 *rel. 1.759*	
IV 1.		abs. 17.2187 *rel. 1.3245*		abs. **24.95** *rel.* ***1.9192***		abs. 10.625 *rel. 0.8173*		abs. 14.5 *rel. 1.1154*
IV 2.		abs. 20.3809 *rel. 1.5677*		abs. 19.0891 *rel. 1.4684*		abs. **21.4695** *rel.* ***1.6515***		abs. 16.8641 *rel. 1.2972*
IV 3.		abs. 23.5378 *rel. 1.8106*		abs. 21.1973 *rel. 1.6305*		abs. 17.6324 *rel. 1.3563*		abs. **29.0486** *rel.* ***2.2345***
IV 4.		abs. 21.475 *rel. 1.6519*		abs. 14.6 *rel. 1.1231*		abs. 17.45 *rel. 1.3423*		abs. 14.75 *rel. 1.1346*
	IV		abs. 21.1687 *rel. 1.6283*		abs. 19.7741 *rel. 1.5211*		abs. 20.037 *rel. 1.5387*	
V 1.		abs. 13.18 *rel. 1.0138*		abs. **18.275** *rel.* ***1.4057***		abs. 10.275 *rel. 0.7903*		abs. 11.375 *rel. 0.875*

…er). Vgl. Seite 71, Nr. 6 und Seite 72, Nr. 7. Ferner Fig. V und VII.

…typen- …ppen	4. Silbe		5. Silbe		6. Silbe		7. Silbe	
	Worttypen	Worttypen-gruppen	Worttypen	Worttypen-gruppen	Worttypen	Worttypen-gruppen	Worttypen	Worttypen-gruppen
…28.9972 *2.2305*								
	abs. 18.8 *rel. 1.4461*							
	abs. 24.1011 *rel. 1.8539*							
	abs. 26.2729 *rel. 2.0209*							
	abs. **39.1** *rel.* ***3.0077***							
…20.1022 *1.5463*		abs. 24.7614 *rel. 1.9047*						
	abs. 9.375 *rel. 0.7211*		abs. 16.6 *rel. 1.2769*					

V 2.		abs. 18.31 *rel.* *1.4084*		abs. 18.15 *rel.* *1.3961*		abs. **19.1** *rel.* ***1.4692***		abs. 16.7 *rel.* *1.2846*
V 3.		abs. 22.86 *rel.* *1.7584*		abs. 31.6 *rel.* *2.4307*		abs. 18.2378 *rel.* *1.4028*		abs. **21.415** *rel.* ***1.6471***
V 4.		abs. 20.15 *rel.* *1.55*		abs. 13.75 *rel.* *1.0577*		abs. 15.75 *rel.* *1.2115*		abs. 20.3166 *rel.* *1.5628*
V 5.		abs. 17.49 *rel.* *1.3453*		abs. 18.275 *rel.* *1.4057*		abs. 14.025 *rel.* *1.0788*		abs. 10.375 *rel.* *0.7981*
	V		abs. 19.295 *rel.* *1.4842*		abs. 21.5791 *rel.* *1.6599*		abs. 15.6583 *rel.* *1.2044*	
VI 2.		abs. 16.4666 *rel.* *1.2666*		abs. 19.8 *rel.* *1.5231*	—	abs. **14.2** *rel.* ***1.0923***		abs. 16.15 *rel.* *1.2423*
VI 3.		abs. 15.0166 *rel.* *1.1551*		abs. 15.825 *rel.* *1.2173*		abs. 12.625 *rel.* *0.9711*		abs. **20.425** *rel.* ***1.5711***
VI 4.		abs. 14.3541 *rel.* *1.1041*		abs. 13.35 *rel.* *1.0269*		abs. 11.675 *rel.* *0.8981*		abs. 9.3 *rel.* *0.7154*
VI 5.		abs. 18.1333 *rel.* *1.3948*		abs. 23.75 *rel.* *1.8269*		abs. 12.725 *rel.* *0.9788*		abs. 16.775 *rel.* *1.2904*
VI 6.		abs. 15.9166 *rel.* *1.2243*		abs. 17.55 *rel.* *1.35*		abs. 9.475 *rel.* *0.7288*		abs. 10.75 *rel.* *0.8269*
	VI		abs. 15.9231 *rel.* *1.2248*		abs. 17.8611 *rel.* *1.3731*		abs. 11.9111 *rel.* *0.9162*	
VII 4.		abs. 13.3285 *rel.* *1.0253*		abs. 12.4166 *rel.* *0.9551*		abs. 10.0333 *rel.* *0.7718*		abs. 10.3 *rel.* *0.7923*
VII 5.		abs. 12.9285 *rel.* *0.9945*		abs. 15.8 *rel.* *1.2154*		abs. 8.3 *rel.* *0.6384*		abs. 9.3 *rel.* *0.7154*
VII 6.		abs. 14.1785 *rel.* *1.0906*		abs. 13.625 *rel.* *1.0481*		abs. 8.65 *rel.* *0.6654*		abs. 10.275 *rel.* *0.7904*
VII 7.		abs. 18.2214 *rel.* *1.4016*		abs. 31.85 *rel.* *2.45*		abs. 11.— *rel* *0.8461*		abs. 9.3 *rel.* *0.7153*
	VII		abs. 14.0526 *rel.* *1.0809*		abs. 15.99317 *rel.* *1.2302*		abs. 9.375 *rel.* *0.7211*	

Die in Fettdruck gegebenen Zahlenwerte gehören zu den jeweiligen Tonsilb
Die relativen Dauern sind berechnet: 1 = 13 abs.

	abs. 18.3 *rel. 1.4077*		abs. 19.3 *rel. 1.4846*					
	abs. 18.125 *rel. 1.3942*		abs. 24.925 *rel. 1.9173*					
	abs. **28.883** *rel.* ***2.2217***		abs. 22.033 *rel. 1.6948*					
	abs. 12.375 *rel. 0.9519*		abs. **32.4** *rel.* ***2.4923***					
7.233 *1.3256*		abs. 18.4125 *rel. 1.4163*		abs. 23.5916 *rel. 1.8147*				
	abs. 18.1 *rel. 1.3923*		abs. 12.05 *rel. 0.9269*		abs. 18.5 *rel. 1.4231*			
	abs. 11.7 *rel. 0.9*		abs. 13.– *rel. 1.–*		abs. 16.525 *rel. 1.2711*			
	abs. **21.575** *rel.* ***1.6596***		abs. 10.925 *rel. 0.8403*		abs. 19.3 *rel. 1.4846*			
	abs. 9.825 *rel. 0.7557*		abs. **21.2** *rel.* ***1.6307***		abs. 24.525 *rel. 1.8865*			
	abs. 11.875 *rel. 0.9134*		abs. 13.75 *rel. 1.0576*		abs. **32.1** *rel.* ***2.4692***			
.4.5166 *1.1166*		abs. 14.2277 *rel. 1.0944*		abs. 14.4222 *rel. 1.1094*		abs. 22.6 *rel. 1.7384*		
	abs. **21.6666** *rel.* ***1.6666***		abs. 10.4333 *rel. 0.8025*		abs. 11.2333 *rel. 0.8641*		abs. 17.2166 *rel. 1.3243*	
	abs. 11.85 *rel. 0.9115*		abs. **14.75** *rel.* ***1.1346***		abs. 9.7 *rel. 0.7461*		abs. 20.8 *rel. 1.6*	
	abs. 11.5 *rel. 0.8846*		abs. 14.3 *rel. 1.1*		abs. **19.425** *rel.* ***1.4942***		abs. 21.475 *rel. 1.6519*	
	abs. 8.65 *rel. 0.6654*		abs. 10.— *rel. 0.7692*		abs. 12.3 *rel. 0.9461*		abs. **44.45** *rel.* ***3.4192***	
9.9187 *0.7629*		abs. 15.0437 *rel. 1.1572*		abs. 12.425 *rel. 0.9557*		abs. 13.0312 *rel. 1.0024*		abs. 22.5812 *rel. 1.737*

Tab.
XXIX.

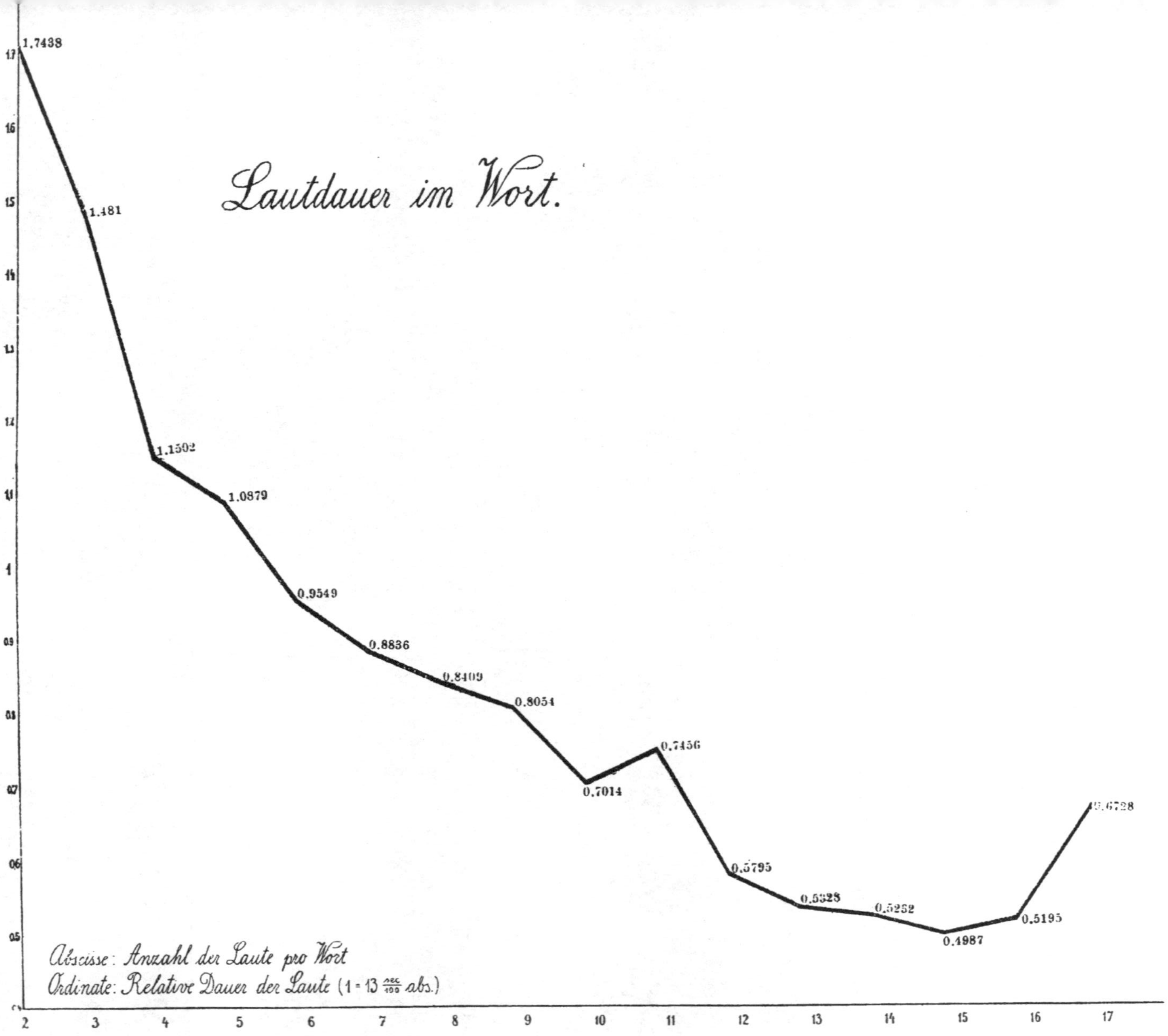
Lautdauer im Wort.
Abscisse: Anzahl der Laute pro Wort
Ordinate: Relative Dauer der Laute (1 = 13 sec/100 abs.)
1.7438
1.481
1.1502
1.0879
0.9549
0.8836
0.8409
0.8054
0.7014
0.7456
0.5795
0.5328
0.5252
0.4987
0.5195
0.6728
2
3
4
5
6
7
8
9
10
11
12
13
14
15
16
17

Fig.
I.

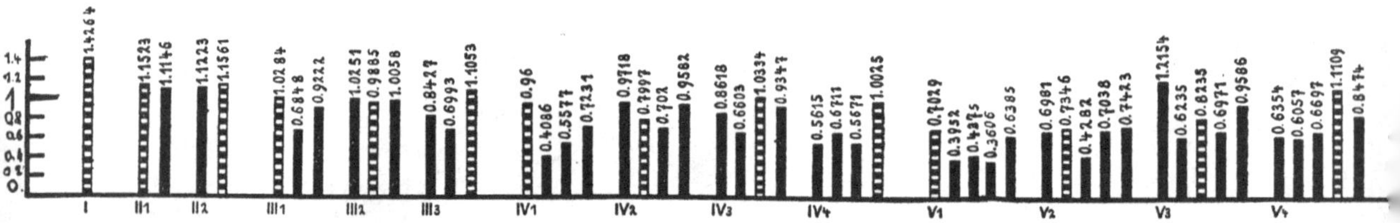

Fig. II. **Lautdauer in der Silbe** (Absc.: Worttypen, Ord.: relat. Dauer $1 = 13 \frac{sec}{100}$) vgl. S. 70 Nr.

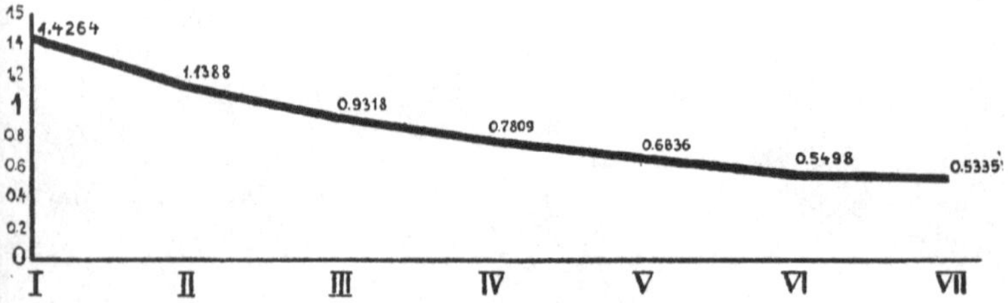

Fig. III. **Lautdauer in den Wor**
(Absc.: Worttypengruppe, Ord.: relat
zu Seite 71, Tabelle XXV.

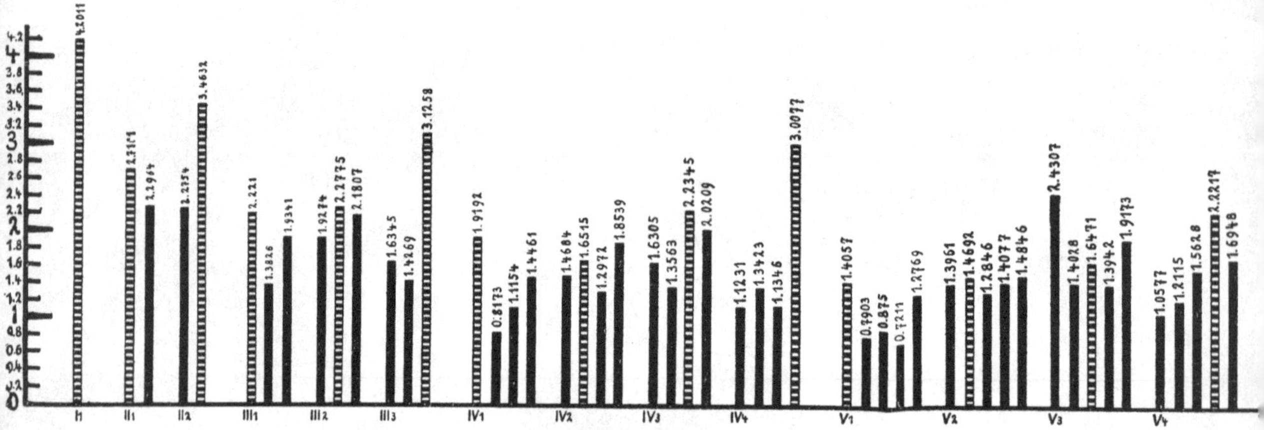

Fig. IV. **Silbendauer** (Absc.: Worttypen, Ord.: relat. Dauer $1 = 13 \frac{sec}{100}$) zu S. 71, Nr. 6 und Tabelle

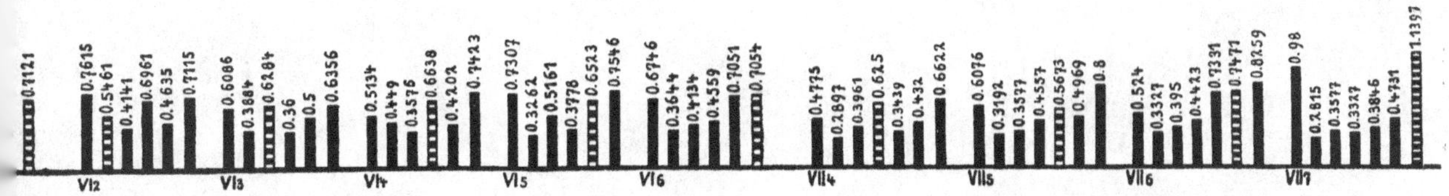

agruppen

er $1 = 13 \frac{\text{sec}}{100}$)

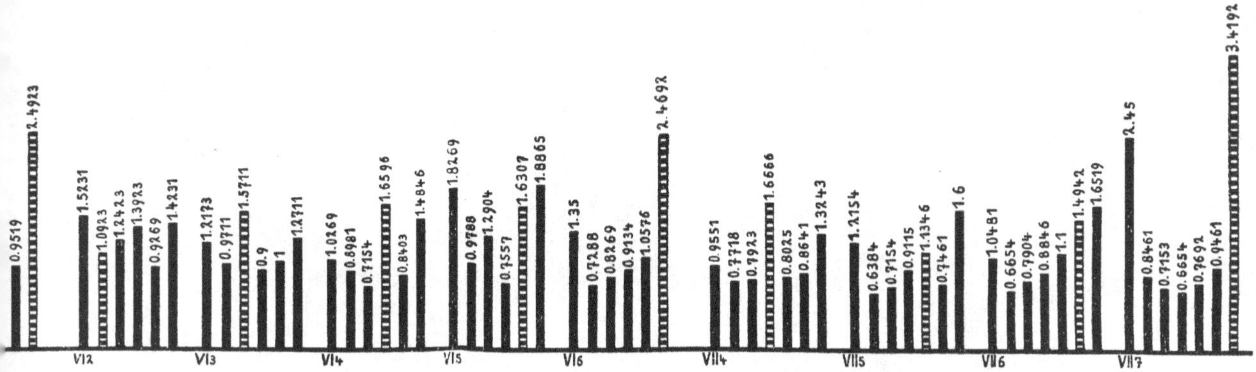

X im Anhang.

Fig.
II—IV.

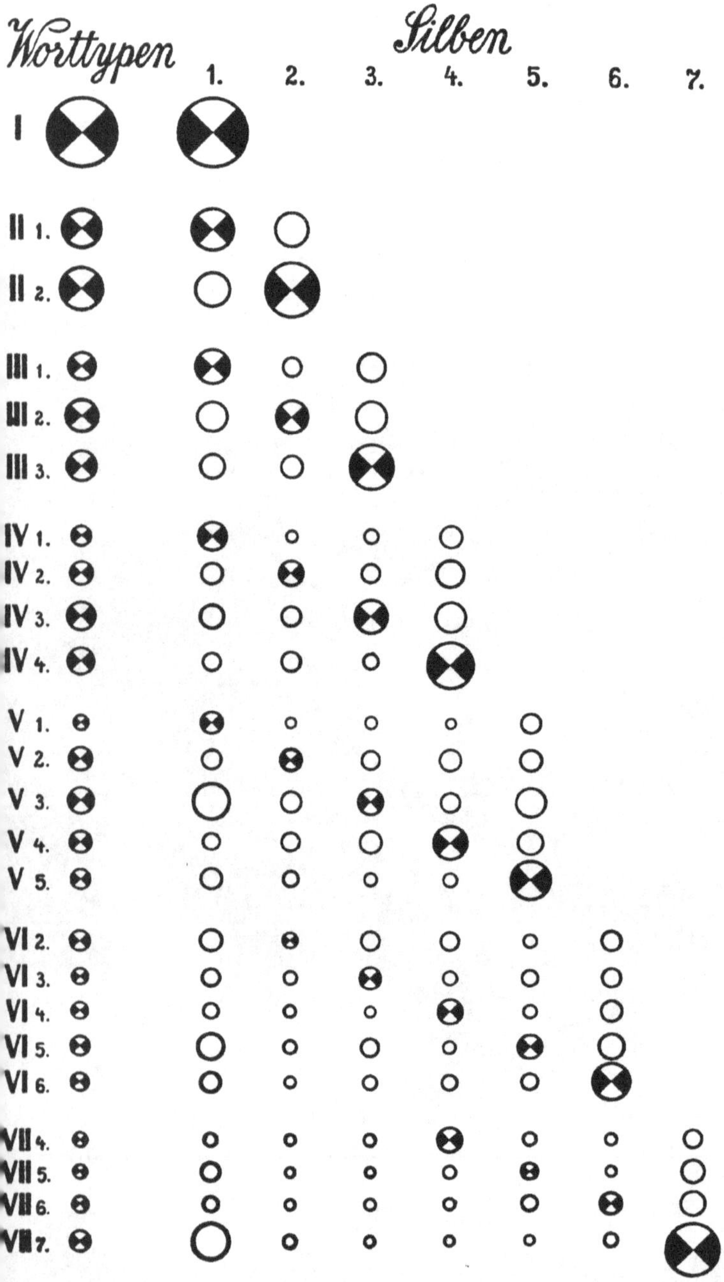

Fig. V. **Silbendauer.**
(Zu Seite 71—72, Nr. 7
und Tabelle XXIX
im Anhang.)

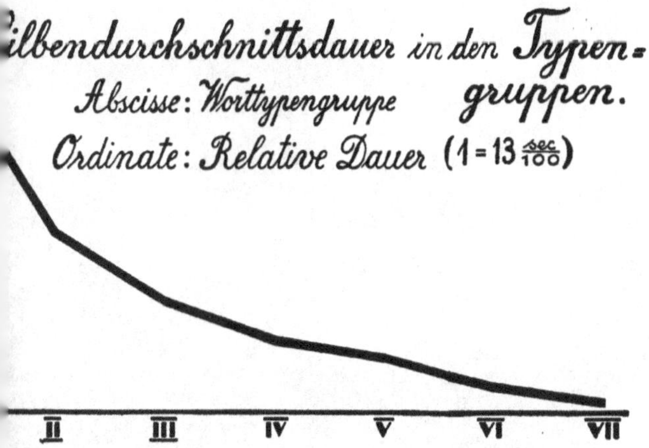

Fig. VI.
(Zu Seite 72, Nr. 7
und Tabelle XXIX
im Anhang.)

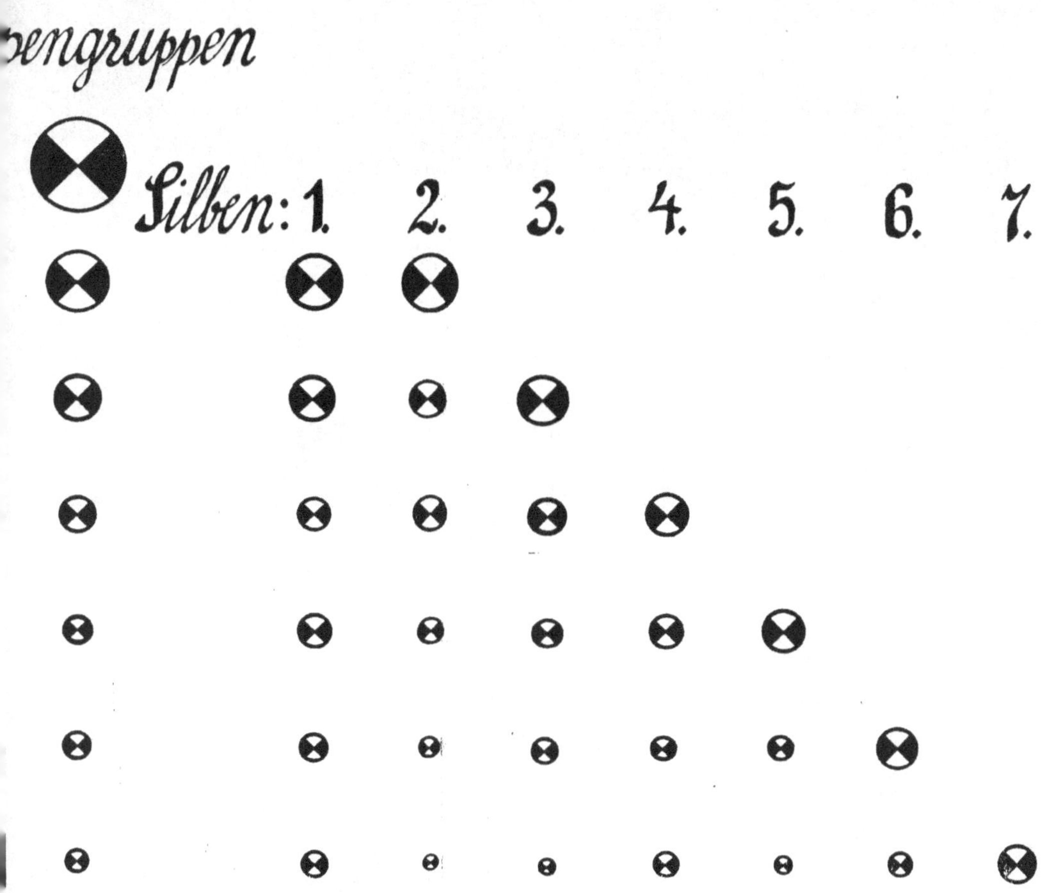

Fig. VII.
(Zu Seite 72, Nr. 7
und Tabelle XXIX
im Anhang.)

Fig.
V—VII.

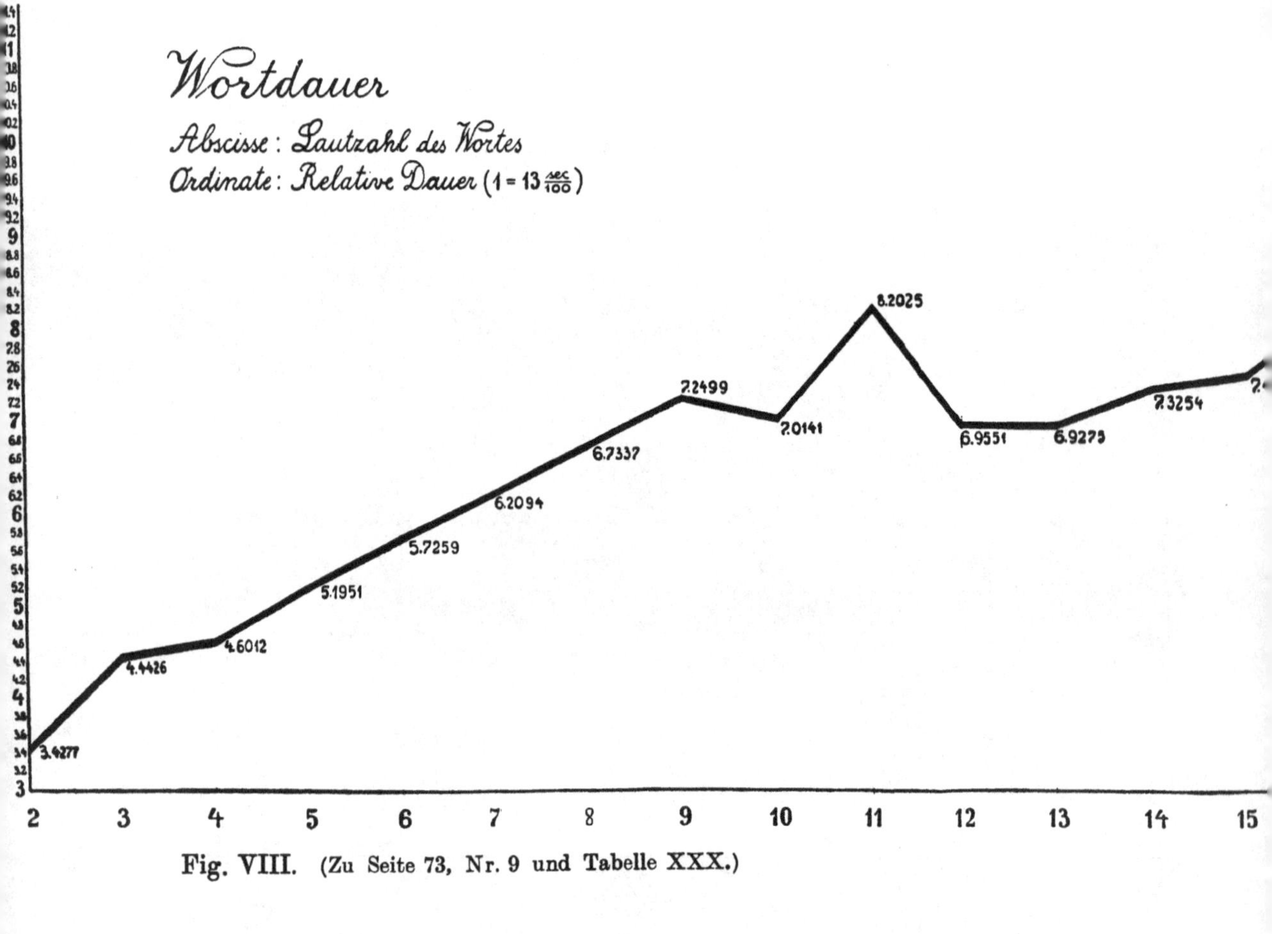

Fig. VIII. (Zu Seite 73, Nr. 9 und Tabelle XXX.)

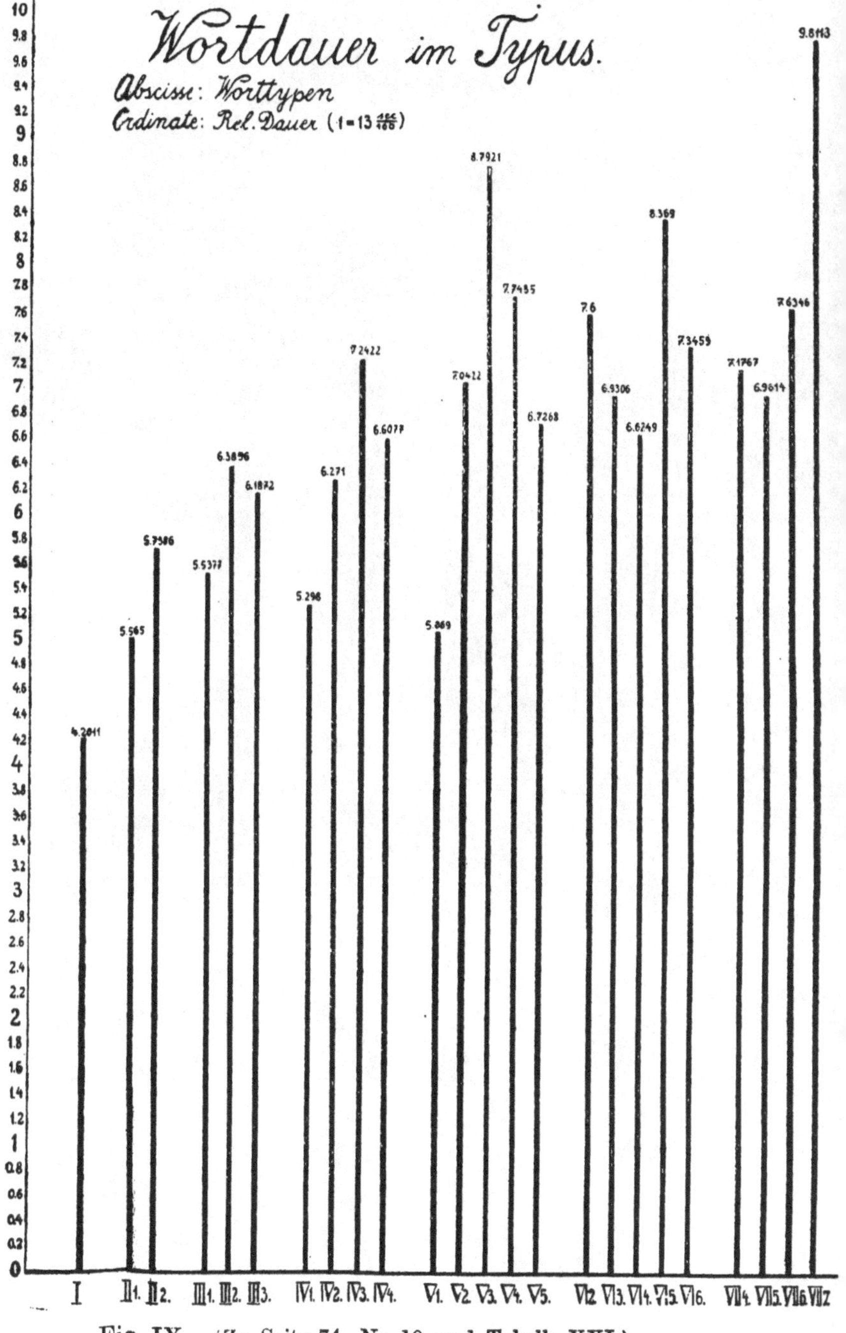

Fig. IX. (Zu Seite 74, Nr. 10 und Tabelle XXI.)

Fig.
VIII—IX.

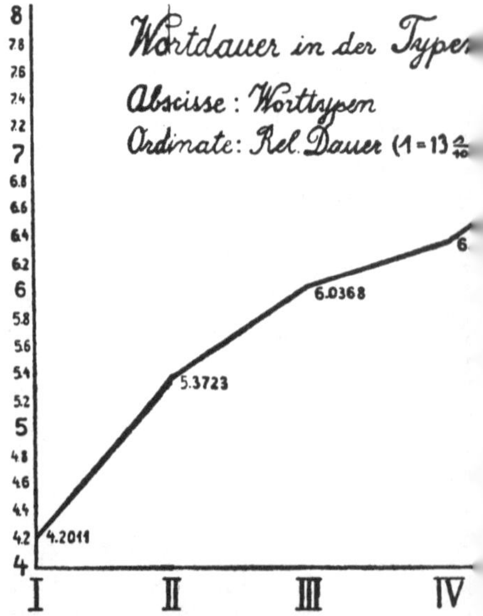

Fig. X. (Zu Seite 75, Tabelle

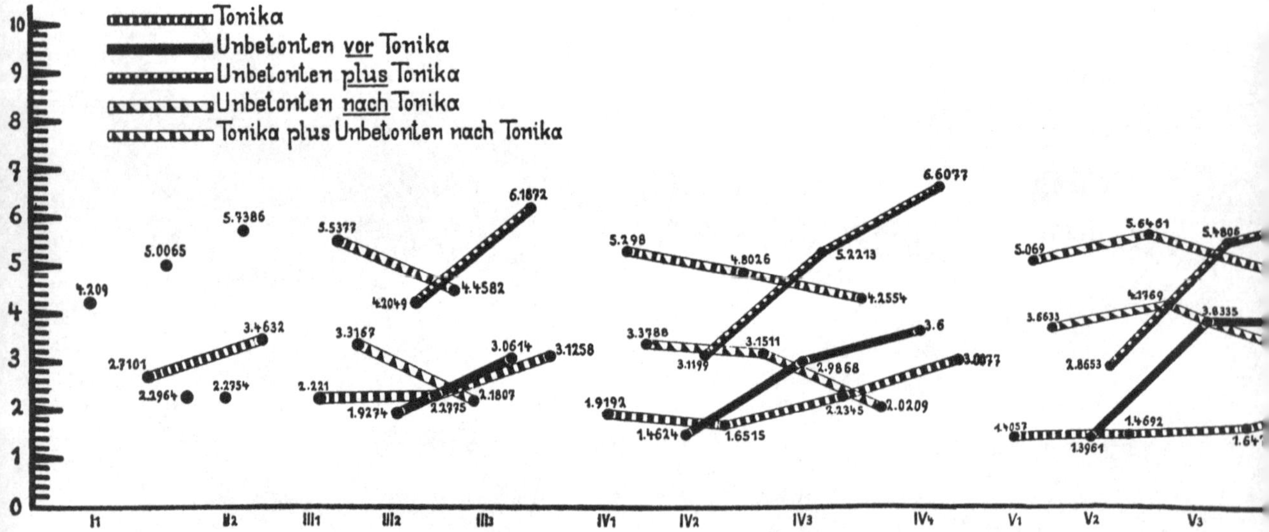

Fig. XI. (Zu Seite 77, Nr. 17 u. 18. S. 87, Nr. 57. S. 88, Nr. 58 bis 61. S. 89, Nr. 62 bis 64.)

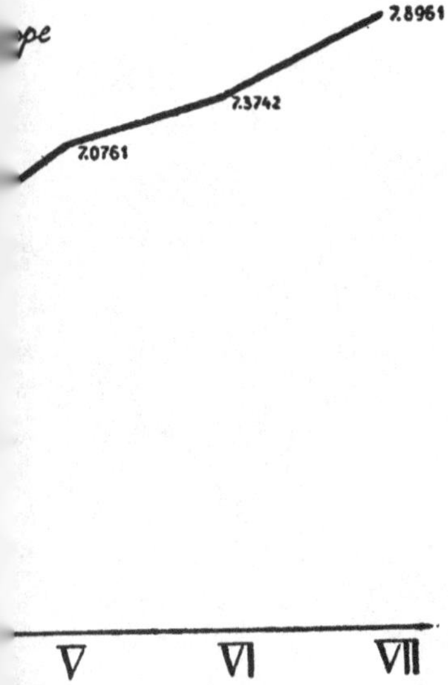

pe
7.8961
7.3742
7.0761
V
VI
VII

II.)

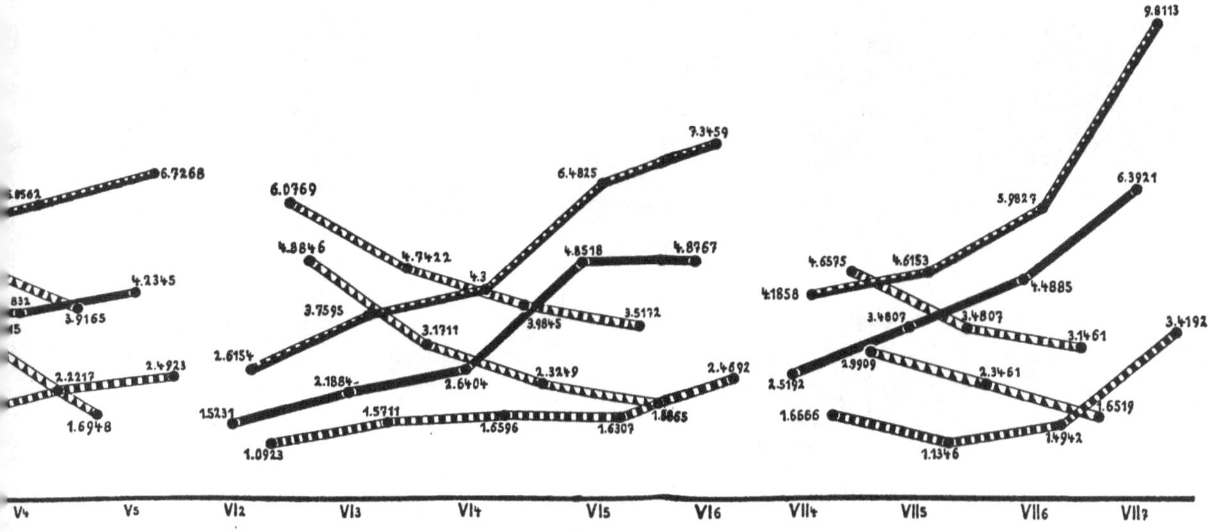

9.8113
7.3459
6.7268
6.4825
6.3921
6.0769
5.9827
4.8846
4.7422
4.8518
4.8767
4.6575
4.6153
4.2345
4.3
4.1858
4.4885
3.9165
3.7595
3.9845
3.5172
3.4807
3.4807
3.4192
3.1711
3.1461
2.6154
2.2217
2.4923
2.1884
2.6404
2.3249
2.4692
2.5192
2.9909
2.3461
1.6948
1.5231
1.5711
1.6596
1.6307
1.8865
1.6666
1.6519
1.0923
1.1346
1.4942
V4
V5
VI2
VI3
VI4
VI5
VI6
VII4
VII5
VII6
VII7

Fig.
X—XI.

Kolibri 360 GmbH
Ferdinand-Jühlke-Straße 7
99095 Erfurt, Deutschland
produktsicherheit@kolibri360.de